I0052191

TRAITÉ

DES

EAUX MINÉRALES

DE PROVINS.

TRAITÉ

DES

EAUX MINÉRALES

DE PROVINS,

Par M. OPOIX, Inspecteur des eaux minérales; de la société académique et royale
des sciences de Paris; de l'athénée des arts,
et des sociétés de médecine et de pharmacie
de Paris; de celle des sciences et arts de
Strasbourg, etc.

PARIS,

Chez Aug. DELALAIN, Imp.ʳ-Libraire,
rue des Mathurins-St.-Jacques, n.º 5.

A Provins, de l'Imprimerie de Lebeau, Imprimeur-
Libraire de S. A. R. MONSIEUR, Frère du Roi.

M. DCCC. XVI.

A MES

CONCITOYENS.

O felices! sua si bona norint (1).

J'AI toujours cherché à me rendre utile à mes concitoyens : ce dernier ouvrage en est une nouvelle preuve. Je me suis particulièrement appliqué à leur faire connoître ce que

---

(1) Il ne s'agit pas ici des sites intéressans qui entourent la ville de Provins, et de ce qui n'est que de pur agrément. Je veux seulement parler de ce qu'il s'y trouve d'utile : de ses eaux minérales si précieuses à la santé; de ses roses, dont les grandes vertus tiennent exclusivement à son sol; de son blé, qui est cité comme un des plus beaux blés de la France, etc. *Voyez la minéralogie de Provins, pour d'autres détails.*

leur présentoit d'intéressant le sol qui les environne, et les avantages qu'on pourroit en retirer. Heureux si je puis leur persuader qu'ils sont loin d'avoir été oubliés dans le partage que la providence a fait de ses faveurs, et les amener à des actes de reconnoissance envers elle!

Dans le compte que j'aime à leur rendre, je ne parlerai pas de ma moralité : ayant vécu et vieilli parmi eux, ma conduite privée leur est assez connue. Je dirai seulement à ceux qui me connoissent moins que, dans ma longue carrière, on n'y trouvera rien dont un honnête homme ait à rougir. Quant à ma vie politique, elle a été courte ; mais les événemens désastreux qui se sont passés pendant son peu de durée devant occuper à jamais une place importante dans l'histoire, je crois devoir quelques explications pour ce qui me touche. Avancé en âge, je suis bienaise de laisser après moi une mémoire exempte de reproches, et dont mes enfans puissent s'honorer.

C'est une tache aujourd'hui, dans l'esprit de bien des gens, d'avoir été membre de la convention, sous la tyrannie de laquelle le meilleur des Rois a été conduit à l'échafaud. Voici les faits qui me regardent :

Dans l'assemblée électorale de Meaux, j'ai été proposé, nommé député à la convention, et excité d'accepter par les électeurs de Provins, qui professoient les bons principes. Lorsque tous les députés eurent été nommés, on exigea qu'ils jurassent sur le bureau du président qu'ils voteroient la mort du

Roi. Je me refusai seul à faire cet odieux serment, observant que c'étoit une sorte de monstruosité qu'un juge s'engageât, et par serment, à condamner à mort celui qu'il étoit appelé à juger. Mon refus fut accueilli par des vociférations et des menaces. Un électeur de Provins, M. S., qui composoit le bureau des secrétaires, osa appuyer la justesse de mon observation. Il étoit impossible, si ce n'est à des cannibales, de s'y refuser. Le serment prêté fut regardé comme non avenu, et il ne fut aucunement mention dans le procès-verbal de ce qui venoit de se passer.

Dans quelle circonstance me trouvai-je, lorsque j'ai refusé seul de prêter ce serment? Au milieu d'une assemblée où les motions les plus révolutionnaires avoient été généralement applaudies, et un jour après qu'une populace effrénée eut égorgé, dans les prisons de Meaux, quatorze prêtres dont les têtes avoient été promenées par la ville et sous mes fenêtres.

Dans l'infâme procès de Louis XVI, lorsqu'il fut question de la peine à infliger, je n'ai pas même voté le bannissement, comme ont fait le plus grand nombre de ceux qu'on appeloit les amis du Roi, parce que le bannissement est une peine infâmante, qui annonce un coupable, et qu'à mes yeux le Roi ne l'étoit pas.

J'ai voté *la détention, et la déportation à la paix.* (Voyez la page 275 des procès-verbaux, tom. 5.) La déportation étoit alors une simple mesure de sûreté; elle mettoit la vie du Roi hors des atteintes de ses ennemis.

Pourquoi la détention et ensuite la déportation? Parce que la déportation, dans ces momens où la fureur révolutionnaire étoit à son plus haut degré d'exaltation, me paroissoit impossible : le Roi auroit été égorgé en sortant du temple, où il étoit détenu. La détention alors étoit son salut. Pour la déportation, il falloit attendre un temps plus calme.

Quand on posa la question de l'appel au peuple, voici mon vote : *Je ne vote l'appel au peuple que dans le cas où la convention prononceroit la peine de mort.* (Voyez page 226, tom. 5 des procès-verbaux.)

Il étoit difficile de s'exprimer en moins de paroles, d'être plus clair, et de témoigner plus ouvertement son désir de sauver le Roi. Ce qu'il y a de remarquable, c'est que je suis le seul de tous les conventionnels qui ai voté de cette manière. Excepté trois ou quatre qui ont motivé leur avis par des phrases longues et insignifiantes, tous ont voté par *oui* et par *non*.

Ceux qui ne vouloient pas la mort du Roi, en votant l'appel au peuple sans restriction, ont montré de l'imprévoyance ou de la timidité; car, dans le cas où la majorité n'auroit pas voté la mort, ce qui a pensé arriver, ils faisoient courir au Roi une nouvelle chance, celle d'être condamné par le peuple.

Qu'on ne me dise pas que le peuple n'auroit pas voté la mort. Quelle preuve en donneroit-on?

Ne sait-on pas au contraire que
l'effroi étoit alors tellement ré-
pandu qu'on auroit condamné son
père? Des sociétés populaires, répandues alors sur toute la France,
imprimoient par-tout la terreur.
Elles auroient, dans le cas que
l'appel eût eu lieu, redoublé d'ac-
tivité et de menaces, et le Roi eût
péri.

J'ai acquis d'ailleurs, depuis, la
preuve que le peuple françois, sans
même qu'il y soit forcé par la
terreur, obéit à ceux qui ont en
main le pouvoir, et se déclare toujours pour le parti dominant. Lors
de la fatale rentrée de Bonaparte,
n'a-t-on pas vu, à une très petite
exception près, je ne dis pas le
peuple, mais les premiers de l'état,
tous les magistrats, tout ce qui
compose la classe distinguée, et ce

qu'on appelle les honnêtes gens, qui crient aujourd'hui avec enthousiasme vive le Roi! signer spontanément le supplément à l'acte constitutionnel, dont un article prononçoit l'expulsion à jamais des Bourbons?

Les procès-verbaux de la convention font foi de ce que j'ai dit de ma manière de voter. Il est vrai qu'on lit page 225, tome 5, que le citoyen Opoix, dans l'appel au peuple, n'a pas voté. Quelques lignes après, même page, on lit : le citoyen Opoix a voté l'appel. On voit qu'il y a eu un mal-entendu et une méprise de la part des secrétaires. Voici ce qui y a donné lieu : ma foible voix et une certaine émotion empêchèrent qu'on ne m'entendît de la tribune; ce qu'ayant remarqué, et voulant que mon vote fût exprimé sans altération, je descendis de la tribune, et j'allai sur le bureau écrire et signer mon vote, tel que je l'ai rapporté ci-dessus, et ainsi qu'il se trouve en tête de la page suivante 226.

Mes votes furent remarqués de mes collègues, sur-tout ce dernier, parce qu'il étoit signé, et ils inquiétèrent mes amis. J'ai été souvent menacé; la porte de la maison que j'habitois a été plusieurs fois marquée, comme l'étoient celles de plusieurs députés, et j'avois aliéné contre moi l'esprit de quelques sociétés populaires de Paris, et de celle de Provins, ayant toujours refusé d'être d'aucune. J'ai cru long-temps que je serois victime de mon dévouement si hautement prononcé pour LOUIS XVI.

Depuis le retour de Louis xviii, qui nous a ramené la paix et l'espérance du bonheur, la France a exprimé l'horreur qu'elle avoit de voir dans son sein ceux qui ont voté la mort du Roi. Ils ont été chassés du territoire françois : c'étoit sans doute le moins qu'il pût leur arriver; mais justice doit être pour tout le monde. Bannissement, exécration générale, voilà la part des régicides. Quelle sera celle de ces députés qui, à la vue d'un péril presque certain, ont fait le plus d'efforts pour sauver le Roi, et même ont fait voir qu'ils ne le regardoient pas comme coupable ? Ne sont-ils pas aussi les défenseurs de Louis xvi (1)?

_____

(1) Encore ceux qui l'ont défendu à la barre ont-ils couru peu de dangers. Ils étoient sous la loyauté de la nation. C'est en vertu d'un

Sans doute ils sont assez payés
par le témoignage de leur cons-
cience ; il ne leur faut pas de ré-
compenses ; ils doivent même les
refuser, parce qu'il est bon qu'ils
fassent voir à une foule de gens
avides, qui assiègent les marches
du trône avec des preuves très
équivoques de leur attachement,
qu'il n'est rien dû à celui qui n'a
fait que son devoir ; mais n'ont-ils
pas des droits à l'estime et à la
considération, sous un gouverne-
nement juste appréciateur, et qui
attache tant d'intérêt à tout ce qui
a rapport aux derniers momens et
à la mémoire de Louis xvi?

_____

décret de la convention que M. Desèze a défendu le Roi ; et ce n'est pas comme ayant
été son défenseur, que M. De Malhserbes a été
conduit à la mort.

TRAITÉ

DES

EAUX MINÉRALES

DE PROVINS (1).

———

Au bas des collines qui bordent, au
nord et à l'est, la ville de Provins,
on remarque, au printemps et dans les
temps pluvieux, beaucoup de veines
d'eaux minérales ferrugineuses, recon-

———

(1) Cette ville très anciennement renommée
par ses roses, et depuis par ses eaux minérales,
est à vingt lieues de Paris, sur la grande route
d'Allemagne et de Suisse. Elle contient près
de 6,000 âmes; elle se partage en ville haute
et en ville basse : c'est un quartier pour les

I

noissables tant au goût qu'à une pellicule irisée qui couvre leur surface. Elles sont très abondantes dans le pré qui se trouve entre les fossés de la ville et le chemin qui passe au bas du clos de l'hôpital général. On voit aussi des traces d'eaux ferrugineuses du côté de St.-Brice et dans plusieurs autres endroits.

***

troupes. On y trouve des médecins instruits, des pharmacies bien montées, des bains publics bien tenus, etc.

La fontaine minérale est sur de belles promenades; les rues de la ville sont larges et aérées; plusieurs fontaines donnent dans chaque quartier une eau saine et pure; une police exacte et surveillante s'occupe de tous les moyens qui peuvent contribuer à la salubrité. Il y a une bibliothèque publique; la société y est très bonne, et les étrangers y sont particulièrement bien accueillis.

Comme plusieurs articles de ce traité sont extraits de la Minéralogie de Provins, nous y renvoyons pour de plus grands détails. Elle se trouve chez LEBEAU, imprimeur-libraire à Provins.

Dans le pré dont je viens de parler, il y a un espace assez grand dans lequel, en quelqu'endroit que l'on fouille, on trouve des eaux ferrugineuses. Lorsqu'on y creuse quelques pieds de profondeur, on remarque que la terre qu'on en retire est compacte, ductile, grasse au toucher, et par lits de couleurs rouge, jaune, enfin noire. On voit sur les côtés de ce fossé ruisseler une eau claire, dont la saveur est douceâtre, légèrement sucrée, ferrugineuse et astringente. Elle laisse sur la terre d'où elle sort des empreintes rougeâtres avec une pellicule argentine, et ressemblant à une espèce de guhr.

Ces matières ne se dessèchent pas à l'air, ni même sur le feu. Elles conservent toujours une consistance molle. L'eau ferrugineuse se réunit au fond du fossé; elle se trouble et se couvre d'une pellicule forte qui présente les couleurs de l'iris, et dépose une terre d'un jaune tirant sur le rouge. On voit

I .

aussi nager dans cette eau des flocons légers de même couleur, et qui sont de la terre martiale soutenue par des bulles d'air. Pierre Legivre, médecin à Provins, avoit fait toutes ces observations dès la découverte et l'établissement de la fontaine minérale.

C'est sur le bord de ce pré, et très près des murs de la ville, qu'est ouvert le puits minéral, appelé plus communément la fontaine minérale, qui fournit l'eau pour le service des malades. C'est improprement que l'on dit que cette eau a été découverte en 1648, puisque, comme nous avons dit, elle sort d'elle-même, et paroît à la surface de la terre. Il seroit plus exact de dire que cette année-là on fit, pour la première fois, des fouilles, et qu'on rassembla dans un bassin les veines d'eau minérale qui fournissoient le plus.

Ce fut un médecin de Provins, nommé Michel Prévot, qui, dans l'in-

tention d'appliquer ces eaux aux usages
de la médecine, entreprit à ses frais
ce premier travail (1). Le succès sur-
passa l'attente, et, en reconnoissance
du service qu'il avoit rendu à l'humanité, ses concitoyens lui accordè-
rent l'exemption de logement de gens
de guerre, et de taille, ainsi qu'à sa
veuve, sa vie durant.

Les meilleures choses éprouvent à
leur naissance des contradictions, et
même ont peine à s'établir : c'est ce
qui arriva aux eaux de Provins; mais
les bons effets qu'elles ne tardèrent
pas à produire sur un grand nombre
de malades, firent taire les envieux
et les malveillans, et firent revenir
ceux qui s'étoient prévenus contre ces
eaux qu'on disoit être les égoûts de

---

(1) Ainsi qu'il est d'usage dans les traités
d'eaux minérales, je donnerai la partie histo-
rique de ces eaux, jusqu'à l'époque actuelle.

la prairie, et qu'on vouloit faire passer pour impures et mal-saines.

Le bassin où se réunissoient ces sources minérales fut appelé d'abord la fontaine de St.-Michel, en l'honneur de Michel Prévôt à qui on la devoit. Mais, comme le pré se trouve être sur la paroisse de Ste.-Croix, on lui donna par la suite le nom de fontaine de Ste.-Croix, pour la distinguer d'une autre qui fut découverte peu de temps après, et dont il sera parlé plus bas.

En 1654, Etienne Rose, père de Toussaint Rose, secrétaire du cabinet de Louis XIV, ayant été élu maire de Provins, contribua à l'établissement et à l'ornement de la fontaine minérale. Probablement que ce fut alors qu'on construisit le puits que l'on voit aujourd'hui. Quelques années après, Quiriace Frélon, conseiller du roi, et maire de la ville, acheva ce qui avoit été commencé par Etienne Rose, son prédécesseur, et, considérant que la

fontaine avoit besoin d'être bien en-
tretenue, il y établit un fontenier particulier pour avoir soin de la conserver
toujours en bon état, et donner cours
aux eaux dans toutes les saisons.

Ce fut aux soins et aux ouvrages
de Pierre Legivre, médecin à Provins,
et originaire de Château-Thierry (1);
que les eaux de cette fontaine doivent
la réputation qu'elles ont eue d'abord.
Il commença à écrire sur ces eaux en
1654, et donna plusieurs ouvrages sur
leur nature et sur leurs propriétés médicinales; un, entr'autres, écrit en la-
tin, imprimé en 1682 : c'est le dernier
et le plus complet. On voit, dans cet
ouvrage, que son sentiment sur l'état
du fer dans ces eaux fut combattu
par des médecins de Paris et de Mont-
pellier, et qu'il étoit l'élève de Gue-
naut, premier médecin de Louis xiv.

(1) Les détails que l'on vient de lire sur ces
eaux sont extraits des ouvrages de ce médecin.

Il lui dédia même une analyse de ces eaux, imprimée en 1659.

On sent combien des analyses faites dans un temps où la chimie étoit encore dans l'enfance devoient être informes. Suivant P. Legivre, les eaux de Provins contenoient le fer résous en ses cinq principes, savoir : en mercure, soufre et sel, principes utiles, et en terre et flegme, principes inutiles.

On voit que, comme chimiste, P. Legivre ne peut être d'aucun secours pour déterminer les principes qui minéralisent ces eaux ; mais, comme il étoit bon observateur, savant médecin, et qu'il n'a cessé, pendant plus de trente ans, de s'occuper des propriétés médicales de ces eaux, son autorité doit être pour nous d'un grand poids sous ces derniers rapports. Les cures intéressantes et très multipliées, qu'il avoit vu s'opérer sous ses yeux, les lui faisoient appeler la *vraie panacée,* le *vrai catholicon* et *penchima-*

gogue qui purge toutes les humeurs.
Il les estimoit supérieures à plusieurs
eaux ferrugineuses très en réputation.
Il nous dit qu'il étoit d'une complexion
très délicate, et toujours infirme, et
que c'est à l'usage de ces eaux qu'il
doit la vie et l'état de santé où il
vivoit depuis nombre d'années.

Les éloges que P. Legivre fait de
nos eaux ne peuvent paroître sus-
pects, car les cures qu'elles avoient
opérées, et qu'il cite, étoient connues
de toute la ville. Il nomme les personnes; et, comme il y avoit des envieux, nous dit-il, et des gens qui
cherchoient à déprécier ces eaux, et
à mettre en doute leur efficacité, il
n'a pu rien avancer de hasardé.

Nous avons vu que, dans les premiers
temps où l'on faisoit usage de ces eaux,
il y avoit des constructions commodes
et agréables pour les malades. P. Legivre nous dit aussi qu'étant tombé
malade, en 1654, et tous les remèdes

ordinaires ne lui procurant aucun soulagement, il attendit avec impatience que les bâtimens de la fontaine fussent achevés. Ces constructions ont été détruites apparemment, et ne furent pas rétablies : depuis long-temps il n'en existoit aucun vestige, ni aucun souvenir. En 1756, on abandonna une demi-lune du rempart au fontenier, pour y construire un petit bâtiment, et c'est celui qu'on voit aujourd'hui. Le fontenier y avoit établi sa demeure. (*Voyez le post-scriptum, n.° 1.*)

Quant au puits minéral, jusqu'en 1805, on n'en avoit pris aucun soin. Il étoit resté isolé dans la prairie, exposé à être submergé à la première inondation, n'étant élevé que d'un pied et demi au-dessus de la terre. Un mauvais couvercle de bois et une simple serrure, que plusieurs clefs pouvoient ouvrir, en fermoient l'ouverture, et ne pouvoient empêcher que de jeunes étourdis n'altérassent ces eaux en introduisant dans le puits des matières étrangères et nuisibles.

Il n'y avoit pas encore eu d'inspecteur pour ces eaux, lorsque, sans m'y attendre, j'en reçus le brevet, daté de Mayence, le 3 vendémiaire an 13. Jusque-là je ne m'étois occupé que de recherches sur les propriétés physiques et médicinales de ces eaux, mais je regardai dès lors comme mon premier devoir de m'occuper des moyens de mettre la fontaine à l'abri de tous accidens, d'en décorer l'extérieur, et d'inspirer par-là plus de confiance aux malades. M. Moreau (1), homme plein de bonne volonté et de zèle pour

_____

(1) M. Moreau, un des premiers dessinateurs de Paris, possède à Provins une maison, cloître de St.-Quiriace, où il vient passer quelques temps. Le nom de la rue, où il n'y a que cette maison, n'étant plus connu, on lui donna, sur ma proposition, le nom de rue des Beaux-Arts, en reconnoissance du service que nous avoit rendu ce célèbre artiste.

notre ville, m'envoya les plans d'un petit monument pour notre fontaine, d'une galerie ou promenoir, et de quelques autres bâtimens utiles aux preneurs d'eau; mais il n'y avoit aucun fonds pour exécuter la moindre partie de ces plans. Nous avions alors à Provins l'inspecteur général de la navigation de l'intérieur, M. Magin. Nos eaux lui avoient rendu la santé; il leur devoit la vie. A ma sollicitation, il voulut bien déposer les fonds pour la construction du petit monument dans lequel la fontaine se trouve aujourd'hui renfermée. Sa forme demi - circularie est devancée par un péristyle composé de quatre colonnes, surmontées d'un fronton.

Cette bâtisse fut exécutée et finie en octobre 1805; le mois et l'année que les armées françoises remportèrent, sur la troisième coalition, les batailles si glorieuses d'Ulm et d'Austerlitz. Il me parut à propos de rattacher la date de ce monument à une époque aussi mémorable, et de faire inscrire, sur la partie de la frise qui regarde l'orient, ce vers :

Tunc hydram clavâ sternebat gallia victrix.

Sur la partie de la frise, à l'occident, on lit l'inscription suivante, qui rappelle le souvenir de celui à qui nous devons ce monument :

Munificentiâ civis grati, ob sanitatem mirè redditam.

Lorsque le matin on enlève le couvercle qui ferme le puits minéral, on remarque à la surface de l'eau une pellicule nuancée des couleurs de l'iris. Elles ont une odeur qui leur est particulière, et qui se fait plus sentir dans les chaleurs.

Quand le temps se dispose à l'orage, et lorsque le baromètre descend et indique la pluie ou la tempête, ces ces eaux se troublent dans leur source; elles blanchissent, et des bulles d'air en grande quantité se réunissent à leur surface, et forment une espèce de mousse. Ces observations se faisoient mieux lorsque le puits étoit à découvert : alors il étoit une espèce de baromètre pour les propriétaires de la prairie, qui retardoient la fauche de leurs prés, si l'état de la fontaine indiquoit un orage ou une pluie prochaine.

J'ai fait voir, dans ma minéralogie, que les temps humides et orageux occasionnoient de grands changemens dans les eaux communes; mais l'état de l'atmosphère influe plus puissamment sur nos eaux minérales. La colonne d'air, dans les temps de pluie et de tempête, devenue plus légère, comme l'indique le baromètre, et pesant moins sur ces eaux, il s'y opère une sorte de dilatation; les liens déjà si relâchés qui unissent leurs principes minéraux se rompent en partie; une portion de leur air, ou de leur acide, sous cette forme, se détache et paroît en bulle à leur surface ; et les terres, devenues libres, troublent leur transparence. Les eaux aussi moins comprimées pressent moins à leur tour sur les dépôts qui se trouvent au fond de la fontaine : alors les parties les plus légères des terres qui forment ces dépôts remontent, se mêlent aux eaux, et les blanchissent. Ce n'est pas seulement dans les eaux communes et dans les eaux minérales que les variations de l'atmosphère exercent leur influence ; je démontre, dans ma minéralogie, qu'elles exercent une action puissante sur les fluides des végétaux et des animaux ; ce qui a été la matière d'un mémoire à l'institut, qui a paru intéresser les physiciens.

Nos eaux minérales, examinées sortant de la fontaine, ont en tout temps un coup d'œil un peu louche ; elles tiennent suspendues beaucoup de petites masses isolées qui leur ôtent leur transparence : on peut de suite les dépouiller de cette terre étrangère, en les filtrant; elles passent alors parfaitement claires. La terre restée sur le filtre est une terre ocreuse et calcaire, dissoluble dans les acides. Cette terre paroît avoir été originairement dans l'état de combinaison, et être le résultat d'une décomposition qu'une partie de ces eaux aura éprouvée à l'occasion des communications qu'elles ont eues avec l'air extérieur. Il est hors de doute aussi qu'une partie de ces petites masses isolées s'est détachée du fond du puits où elles étoient déposées, et qu'elles se sont mêlées à ces eaux par la forte agitation qui résulte de l'action de les tirer avec un seau.

Ces eaux, sans des causes particulières, seroient donc parfaitement limpides : c'est ainsi qu'on les buvoit dans les premiers temps de leur découverte, où on ne les puisoit pas avec un seau, mais avec des verres, à mesure qu'on vouloit les boire.

Ces eaux n'appartiennent pas à la classe des eaux gazeuses; cependant elles ne sont pas dépourvues de gaz. Une bouteille pleine de ces eaux, bouchée brusquement, et maniée sans précaution, saute quelquefois en éclat, comme elle le feroit avec du vin mousseux. P. Legivre nous dit même que plusieurs bouteilles pleines de ces eaux et bien bouchées ont été cassées, quoiqu'on les maniât fort doucement, et qu'il en arrivoit autant aux verres avec lesquels on les puisoit souvent; effet, dit-il, qu'il faut attribuer à l'abondance et à la violence des esprits que ces eaux contiennent. Ces effets actuellement sont moins sensibles. Quelle en est la raison? (*Voyez le post-scriptum.*)

Si l'on tient ces eaux dans une bouteille exactement bouchée, elles n'éprouvent aucun changement, seulement les molécules stagnantes et non combinées se déposent au fond, et les eaux reprennent leur limpidité. Ces eaux ont un goût ferrugineux, douceâtre, astringent; elles rougissent légèrement la teinture du tournesol. Quelques personnes, dans les temps chauds, leur trouvent une petite acidité. P. Legivre avoit fait cette même remarque; il dit aussi que plusieurs buveurs d'eau la faisoient comme lui.

Ces eaux, tirées de la fontaine et filtrées de suite, ne tardent pas à se troubler; bientôt elles deviennent d'un jaune opaque. Il se forme des bulles d'air au fond et aux parois des vaisseaux qui les contiennent; elles s'éclaircissent à mesure que cette terre jaunâtre se dépose; leur surface se couvre d'une pellicule graisseuse et de couleurs variées. Elles ont alors perdu leur odeur, toute leur saveur, et leur qualité minérale. Il y a des temps où, après deux et trois jours, elles conservent encore quelques propriétés minérales, que la noix de galle rend sensibles.

Dans les endroits de la prairie où se ramasse un peu d'eau minérale, elle est aussi couverte d'une pellicule graisseuse et irisée ; mais j'ai remarqué que, sous cette pellicule, l'eau avoit une saveur minérale, ce qui prouveroit que la pellicule, une fois formée, conserve minérale l'eau qui se ramasse dessous, en lui interceptant la communication avec l'air. Elle est à cette eau ce qu'est aux sucs sucrés et fermentescibles la couche d'huile que l'on met dessus pour les conserver sans altération. Il seroit curieux d'essayer si, en doublant et triplant la couche de pellicules, ou en mettant une certaine quantité d'huile sur ces eaux, contenues dans une bouteille d'étroite ouverture, on empêcheroit ou retarderoit leur décomposition ; ce qui pourroit présenter quelques avantages.

La fontaine minérale, qui anciennement portoit le nom de fontaine de

2.

Ste.-Croix, est la seule qui existe aujourd'hui. En 1653 on en ouvrit une autre, ainsi que je l'ai dit plus haut, près de l'église de Notre-Dame-des-Champs (1); ce qui lui fit donner le nom de fontaine de Notre-Dame. Elle avoit, comme celle de Ste.-Croix, la forme d'un puits s'élevant dans les derniers temps à environ un pied et demi de terre : ce puits se trouvoit au milieu du chemin de charroi qui conduit de la porte de Troyes à Saint-Brice. Nous voyons, dans les ouvrages de P. Legivre, qu'elle contenoit les mêmes principes que la fontaine de Ste.-Croix, mais dans des proportions moins fortes. Elle étoit moins active; ce qui, dans quelques circonstances la faisoit préférer à celle de Ste.-Croix. On ne sait pas quand on a cessé d'en faire usage; ce qui est certain, c'est

(1) Cette église n'existe plus par suite de la révolution.

qu'il y a bien cinquante ans qu'il n'en existe plus rien. Cette fontaine avoit aussi ses pyrites, mais d'une forme particulière. (*Voyez la minéralogie.*)

Le médecin, P. Legivre, étoit le seul qui eût écrit sur nos eaux minérales (1). Lorsqu'en 1770 je donnai au public une nouvelle analyse de ces eaux, je ne me contentai pas de les analyser, je fis des recherches aux environs de la fontaine. Je fus assez heureux pour découvrir, dans des fouilles profondes, faites sur la colline qui domine la prairie où se trouve notre fontaine, un lit de deux pieds de pyrites, qui coupe un grand banc

---

(1) Ce qui a paru en 1738 n'étant que l'extrait fidèle de ses ouvrages.

Dans les mémoires de l'académie des sciences, année 16 , on voit que toutes les eaux minérales de France ont été, par ordre de l'académie, soumises à l'évaporation, et que celle de Provins a laissé un résidu de $\frac{1}{1195}$.

de glaise. Ce lit de pyrites se continue
et descend dans la prairie, où il se
trouve encore mêlé avec une terre argileuse. Dans des fouilles faites en descendant vers la prairie, on remarque
que les pyrites perdent de plus en
plus de leur solidité, et ne paroissent plus que sous la forme d'un sable
humide, couleur d'ardoise foncée, et
dans une disposition très prochaine à
s'effleurir et à donner des sels. Dans
la prairie, ce sable pyriteux se trouve
mêlé avec la terre argileuse à laquelle
il donne une couleur noirâtre.

P. Legivre, comme nous l'avons
vu, avoit remarqué qu'en creusant le
terrain, pour chercher des veines
d'eaux minérales, on trouvoit différentes couches de terres argileuses,
jaunes et rougeâtres, et d'autres tirant sur le noir. Les couches noirâtres
sont dues à la pyrite réduite en ses
parties intégrantes; les couches jaunes
et rouges sont le fer de la pyrite,

décomposé et plus ou moins oxidé.
(*Nous renvoyons à la minéralogie
de Provins, pour de plus grands détails sur la pyrite et son analyse.*)
Ces pyrites contiennent beaucoup de
soufre et de fer, de l'alumine et du
manganèse. Elles s'effleurissent spontanément et se couvrent en peu de
temps de filamens déliés qui deviennent ensuite des cristaux de sulfate
de fer, sur lesquels s'élève une végé-
tation en filets minces, serrés, blancs,
brillans, soyeux et extrêmement légers; ce qui est un véritable alun de
plume, substance très rare. Quelques
bons chimistes, même M. Sage (*Elém.
de minéralogie, tome 2, page* 186),
en nient l'existence, et prétendent que
ce n'est qu'un vitriol déguisé. Mais
une preuve, sans réplique, que celui
que donnent nos pyrites est de l'alun
de plume, c'est que, si on le décompose par un alkali, la terre qui se
précipite peut se dissoudre dans l'acide

sulfurique, d'où s'ensuivent des cristaux d'alun.

Le sulfate de fer de la pyrite dissout dans une pinte d'eau commune,
à la dose de deux grains, avec une
portioncule d'alun de plume, forme
une eau minérale toute semblable,
quant au goût et aux propriétés médicinales, à celle de la fontaine (1).
Ce sulfate de fer se décompose dans
l'eau, et s'oxide plus promptement que
celui que l'art compose; ce qui annonce un acide plus volatil ou une
combinaison moins parfaite.

Je profitai des fouilles qui avoient
été faites pour extraire de la glaise à
l'usage d'une tuilerie, et je me pro-
curai toutes les pyrites (plusieurs quin-

---

(1) Il est à remarquer que P. Legivre, dans
un de ses ouvrages, a dit qu'il a trouvé à ces
eaux une saveur alumineuse. Il est question de
cette observation de Legivre, dans le journal
de pharmacie, à l'occasion des eaux de Forges.

taux) qui s'y trouvoient. Ces fouilles
qui sont à l'occident et très voisines
du lieu dit l'Hermitage, et dont on
verra long-temps les traces, ne se re-
nouvelleront plus : la glaise ne pou-
vant plus se tirer avec profit de ces
endroits, on n'a plus l'espoir de se
procurer d'autres pyrites, quand les
premières seront épuisées de sels.

L'identité des propriétés de l'eau
de la fontaine, et de celle préparée
avec les sels, me donna lieu de croire
qu'on pouvoit tirer un parti très avantageux, pour les malades, des sels de
la pyrite. En effet, nos eaux ne se prenant que pendant deux saisons, et en
tout l'espace de trois mois dans une
année, on fit bientôt usage des sels
pendant les autres neuf mois; et même
dans la saison des eaux, quand le temps
étoit pluvieux ou froid, les malades
prirent chez eux l'eau minérale faite
avec les sels. Ceux que l'eau de la
fontaine incommodoit, à cause du vo-

3

lume d'eau qu'il falloit en prendre, et
que leur estomac ne pouvoit supporter,
eurent recours aux sels qui leur réus-
sissoient, parce qu'étant maîtres de les
étendre dans une moindre quantité
d'eau, ils pouvoient prendre dans une
demi-bouteille d'eau la quantité de
sels qui dans la fontaine représentoit
une bouteille.

Ces sels se distribuoient par paquets
pour une bouteille, et dosés suivant
les proportions qui me parurent exister
dans l'eau de la fontaine. Les étrangers,
en quittant les eaux, emportoient une
quantité de paquets de sels. Leur réputation s'étendit, et il y en eut des
dépôts à Paris (*chez M. Costel, phar-
macien*) et dans quelques autres villes :
des médecins de la capitale en conseilloient l'usage. C'étoit la première
fois qu'on voyoit des sels principes
d'une eau minérale, présentés par la
nature, et n'étant dus à aucun procédé de l'art.

Ces sels, dont les succès étoient à la connoissance de tout le monde, n'eurent point de contradicteurs; les médecins étoient les premiers à les conseiller. M. Naudot, médecin habile, et qui étoit le plus consulté à Provins par les preneurs d'eau, en recommandoit beaucoup l'usage. Il a fait l'éloge de ces sels dans le journal de médecine, de juillet 1779. « Les eaux de » Provins, dit-il, doivent leurs dif- » férens sels et leurs vertus à des py- » rites qui donnent un vitriol de fer, » lesquelles se trouvent dans un banc » de glaise, au-dessus de l'endroit où » la fontaine est ouverte. C'est de ces » pyrites que M. Opoix est parvenu » à extraire les sels principes de nos » eaux, dont il a publié la découverte » dans le journal de physique de » Rozier, août 1777.... Ces sels peu- » vent tenir lieu des eaux; ils les » imitent parfaitement, ils en ont les » propriétés.... Les expériences mul-

» tipliées de toutes les personnes de
» l'art, dans Provins et dans les en-
» virons, la mienne, si elle peut être
» de quelque poids, en sont un sûr
» garant.... Nous avons pensé rendre
» service au public en cherchant à
» faire connoître la découverte de
» M. Opoix (1) ».

L'analyse que je donnai de ces eaux,
en 1770 (2), paroîtroit bien imparfaite
aujourd'hui que l'on a trouvé d'autres
moyens d'analyser, qui rendent le travail plus facile et plus sûr. D'autres
chimistes, depuis, ont analysé ces eaux,

___

(1) « En reconnoissance des services que
» M. Opoix a rendus à nos eaux, le conseil de
» la ville l'a exempté de logement de gens de
» guerre et de fournitures aux casernes. »

(2) Elle fut accueillie dans le temps : voyez
dans la minéralogie, page 123, l'approbation
motivée de M. Lassone, premier médecin du
roi, et ce qu'en a dit le célèbre Macquer,
journal des savans, janvier 1771.

et, comme il arrive ordinairement, aucuns ne se sont rencontrés. J'en ai fait
dans ces derniers temps plusieurs fois
l'analyse, mais je me garderai de la
donner ici, parce que n'étant pas d'ac-
cord sur quelques points de la chimie
avec les chimistes actuels, mon travail
seroit à bon droit suspect. Je ne puis
mieux faire que de rapporter l'analyse
que viennent de faire de nos eaux
les premiers chimistes en cette partie,
MM. Vauquelin et Thenard, par ordre et sous les yeux de la première
classe de l'institut, aujourd'hui l'académie royale des sciences. Cette analyse a été faite sur cinquante bouteilles
d'eau, envoyées par M. le sous-préfet,
et cachetées de son cachet, sur la demande que lui en fit M. Vauquelin.
MM. les commissaires disent, dans leur
rapport à l'institut, qu'ils ont mis à
cette analyse beaucoup de temps et
toute l'attention dont ils sont capa-
bles. Nous pouvons donc nous flatter

d'avoir tout ce qu'on peut faire de
mieux dans l'état présent où se trouve
la science. M. Vauquelin, rapporteur,
dit aussi que « cela terminera le
» grand procès que M. Opoix a depuis
» long-temps avec les chimistes (1) ».
Voici ce qui a donné lieu à cette ana-

(1) On verra que cela ne termine rien, et,
quand je perdrois ce procès-là, il en est un
autre d'une bien plus grande importance, et où
je pourrois avoir gain de cause. J'ai fait voir,
dans ma théorie des couleurs (à *Paris*, *chez*
Gabon, *libraire*, *rue de l'Ecole-de-Médecine*),
que les chimistes d'aujourd'hui n'ont plus que
de fausses notions sur le feu, les combustions,
la respiration, les oxidations, les réductions
métalliques, le soufre, le charbon, le phos-
phore, les principes de l'eau, l'hydrogène, etc.
Mes preuves sont tirées des ouvrages et des expériences mêmes des chimistes que je combats. J'ai
invité la première classe de l'institut et autres
sociétés savantes de s'établir juges de ce différent;
ce qui a été refusé, et personne n'a répondu.
On pourroit croire que c'est parce qu'on a pensé
que cela n'en valoit pas la peine; mais voici

lyse faite avec tant d'appareil et d'au-
thenticité :

---

ce qui peut prouver le contraire : L'extrait de
ma théorie des couleurs, sous le nom de rapport, et mes opinions, sont imprimés dans le
journal de pharmacie (*n.° 10, 2.° année*),
dont les rédacteurs, au nombre de sept, sont
comptés parmi les plus savans chimistes de Paris.
Or voici la note qu'ils ont ajoutée à la fin de
l'extrait :.. « M. Opoix, qui ne tient à ses opi-
» nions qu'autant qu'il les croit rigoureusement
» vraies, nous prie d'inviter nos lecteurs à nous
» faire parvenir toutes les objections qu'ils croi-
» ront pouvoir opposer à son sentiment....
» L'importance de ce mémoire et l'estime par-
» ticulière que nous avons pour son respectable
» auteur, nous ont engagé à l'imprimer tout
» entier, quoiqu'il excède de beaucoup les li-
» mites de notre bulletin; mais nous croyons
» que nos abonnés nous sauront gré de n'avoir
» pas syncopé un rapport aussi intéressant,
» même pour ceux qui n'en admettroient pas
» les conséquences et la conclusion ».

Il n'est parvenu à MM. les rédacteurs aucune ob-
jection, mais des encouragemens pour l'auteur, et
de nouvelles preuves qui appuient son opinion.

Nous avons vu que l'eau de la fontaine et l'eau préparée avec le sel des pyrites ne se distinguoient pas au goût, et qu'elles avoient les mêmes propriétés médicales. On désiroit depuis long-temps savoir d'une manière certaine si l'analyse chimique présenteroit quelques différences quant à l'état du fer dans ces deux eaux : on ne pouvoit mieux s'adresser qu'à M. Vauquelin; il lui fut donc envoyé deux bouteilles, l'une pleine d'eau minérale récemment puisée, et l'autre contenant de l'eau commune dans laquelle on mit quatre grains de sulfate de fer en cristaux, pris sur la pyrite. Les deux bouteilles furent de suite bien bouchées et cachetées : ce fut en présence de MM. le sous-préfet et le maire que le tout s'opéra, et on y mit la plus scrupuleuse exactitude. M. Vauquelin, sur la prière qu'on lui en avoit faite, voulut bien analyser ces deux bouteilles d'eau sous les n.ºs 1 et 2.

Il résulte des analyses de M. Vauquelin, auxquelles, comme il l'annonce
dans sa lettre, il prit le plus grand soin,
que ces deux eaux contiennent le fer
uni à l'acide carbonique seulement (1):
cependant une de ces deux bouteilles
contenoit quatre grains de sulfate de
fer. Ce qui est à remarquer aussi, c'est
la présence de la manganèse que
M. Vauquelin a trouvée dans ces
deux eaux; ce qu'il donne comme
extraordinaire dans des eaux minérales.

Les mêmes résultats, obtenus par
un chimiste tel que M. Vauquelin,
quant à l'état du fer contenu dans l'eau
de la fontaine, et dans celle préparée

(1) Dans son rapport à l'institut, M. Vauquelin dit qu'il est probable qu'il n'a analysé
que le numero 1 ; mais il a également opéré sur
le numéro 2. Ces deux analyses existent, et sont
signées de lui. Il trouve dans les deux des
traces de manganèse, et estime que toutes les
deux doivent avoir les mêmes vertus.

avec le sel de la pyrite, joint à l'identité reconnue des propriétés médicales
de ces deux eaux, appuyoient on ne
peut mieux mon opinion, que nos
eaux dans leurs sources contenoient
un léger sulfate de fer qui, à la vérité,
échappe aux expériences, et que ce
n'étoit pas les connoître que de ne
les juger que par les produits de l'analyse. Ayant de même lieu de croire
que ce qui arrivoit à nos eaux pouvoit leur être commun avec les autres
eaux minérales ferrugineuses froides,
je crus qu'il étoit de l'intérêt de la
science d'attirer sur mon opinion l'attention des savans. Je présentai donc
à l'institut un mémoire portant ce
titre :

> *Invitation à la première classe*
> *de l'institut de résoudre cette*
> *question :*
>
> Doit-on en chimie ne juger de la nature
> des choses que parce qu'on en voit? et,
> lorsqu'on ne trouve, par l'analyse d'une

eau ferrugineuse, que de l'acide carbo‑
nique uni au fer, doit‑on en conclure
que c'est nécessairement un carbonate
de fer qui constituoit cette eau miné‑
rale à sa source?

Après avoir rapporté dans ce mé‑
moire ce qu'on a vu plus haut : l'iden‑
tité généralement reconnue des pro‑
priétés médicales de l'eau de la fontaine,
et de celle préparée avec le sulfate de
la pyrite; les analyses des deux eaux,
par M. Vauquelin, je cite le fragment
suivant d'une lettre que m'écrivoit, en
septembre 1809, M. Chaussier, mé‑
decin, qui jouit à Paris d'une haute
réputation. « J'ai visité, monsieur,
» avec le plus grand intérêt, l'établis‑
» sement des eaux minérales de votre
» ville. Je ne les ai pas assez exami‑
» nées pour prononcer sur tous leurs
» principes; d'après la seule dégusta‑
» tion, je ne puis douter qu'elles ne
» contiennent du sulfate de fer et
» une petite quantité d'acide carbo‑

» nique (1) ». Il ajoute que, si on ne trouve pas ces principes par l'analyse, il ne doute pas que cela ne dépende de quelques altérations qui surviennent dans ces eaux après qu'elles ont été puisées.

Je fais aussi observer dans ce mémoire que, dans la prairie où est creusé le puits minéral, et à la profondeur où se trouvent les sources, il y a une couche de terre argileuse noire (P. Legivre en fait aussi la remarque), laquelle est mêlée de pyrites très divisées, et que lorsqu'on curoit le puits on trouvoit, au fond, de cette terre noire où l'on pouvoit encore distinguer des grains pyriteux;

Que M. Sage, dans sa minéralogie, *vol.* 1, *pag.* 176, dit (ce qu'il n'est pas indifférent de remarquer ici)

---

(1) Je dis dans le mémoire que, des débris du léger sulfate, il pouvoit en résulter de l'acide carbonique.

qu'ayant distillé de l'argile noire, il a trouvé dans le récipient de l'acide sulfureux, et que les argiles blanches, par la distillation, ne lui ont donné que de l'eau pure;

Que les pyrites, comme on l'a vu ci-dessus, contenoient de la manganèse, et que M. Vauquelin, dans la double analyse citée plus haut, avoit reconnu des traces du la manganèse dans l'eau de la fontaine, et dans celle formée par le sel de la pyrite, ce qu'il regardoit comme peu commun dans les eaux minérales; (on verra que MM. Vauquelin et Thenard, dans la nouvelle analyse qu'ils viennent de faire de nos eaux, ont aussi trouvé cette manganèse; ce qui prouve sans réplique que l'eau de la fontaine doit ses propriétés minérales aux pyrites qu'elles lavent.)

Que, dans cinq endroits près de notre ville (*voyez la minéralogie*), où l'on voit sur la terre de fortes traces d'eau minérale ferrugineuse, couvertes de pellicules irisées, j'ai rencontré tout près et à très peu de profondeur, soit des pyrites, soit des matières grises, terreuses, sulfuro-martiales et engagées dans la glaise, lesquelles transportées chez moi se sont effleuries spontanément, et couvertes de sulfates de fer. Je les ai fait voir sur place, j'en ai donné à plusieurs personnes, et j'en conserve encore;

Que l'on trouve autour de Provins beaucoup de terres très ferrugineuses plus ou moins oxidées, et que cependant, dans aucun de ces endroits, quoique baignés d'eau de pluie ou d'eau commune, on ne voit point d'iris se former, et qu'elles n'ont rien de minéral, remarque qui se fait dans tous les pays où la mine de fer est très abondante (1); d'où l'on peut con-

(1) Je m'attends bien qu'on me dira que, si ces terres ne donnent pas d'eau minérale, c'est qu'elles sont simplement saturées d'acide car-

clure qu'il ne suffit pas, pour rendre une eau minérale, qu'elle lave des terres ferrugineuses, mais qu'il faut la présence de matières sulfuro-martiales, susceptibles de se décomposer spontanément, et de donner du sulfate ;

Que, d'après ces observations, il paroîtroit que toutes les eaux minérales ferrugineuses froides, de la classe de celles de Provins, sont formées par des matières sulfuro-martiales qu'on pourroit trouver tout auprès, en les y

---

bonique, et qu'il faut qu'il soit en excès pour rendre ces terres solubles dans l'eau : mais je demanderai comment, dans le sein de la terre, se fait cette combinaison avec excès d'acide carbonique? pourquoi elle se décompose si promptement à l'air? et sur-tout pourquoi, les oxides de fer étant si généralement répandus sur la terre, cette combinaison avec excès d'acide est si rare, puisqu'il ne se rencontre des eaux ferrugineuses que de loin en loin, et que de grands pays en sont dépourvus, quoique la mine de fer y soit très commune.

cherchant, et que le malade qui prend
ces eaux sur la source boit un léger
sulfate de fer, comme cela arrive à
ceux qui prennent les nôtres, quand
le chimiste n'y trouve qu'un carbonate
de fer;

Qu'il est vrai que M. Vauquelin dit,
dans des réflexions qu'il a faites au
sujet de sa première analyse de nos
eaux, que ce qui distingue une eau
simplement ferrugineuse et composée
d'un carbonate de fer, de celle qui
contient du sulfate de fer, c'est que
la première forme des iris à sa surface,
et que le sulfate de fer n'en donne
pas. Mais j'ai observé à l'institut que
ce que dit M. Vauquelin n'est pas
exact, et ne paroît vrai que quant
au sulfate que l'art prépare, tel que
celui du commerce; car, toutes les fois
qu'on mettra dans de l'eau des pyrites
en efflorescence ou en vitriolisation,
on aura constamment des iris à la
surface de l'eau, ce que j'éprouve

journellement avec les pyrites de nos
eaux.

On me dira, il est vrai, qu'en ana-
lysant nos eaux on y trouve un carbonate et non un sulfate de fer. Mais
M. Vauquelin n'a trouvé que du carbonate de fer dans une eau où l'on
avoit mis quatre grains du sulfate de
la pyrite. On en auroit mis le double
qu'il n'auroit pas trouvé davantage de
ce dernier. D'où tout cela peut-il venir?
Voici l'explication que j'en donne dans
mon mémoire à l'institut :

La nature dans ses opérations doit
commencer par des ébauches qui passent successivement à l'état parfait. Le
sulfate de fer dans nos eaux peut ou
n'être pas arrivé à son terme, ou
n'avoir pas une constitution aussi solide que celui que l'art prépare (1).

------

(1) Peut-être l'alun de plume de nos pyrites,
et même l'alun de plume en général doivent-
ils de même ce qui les distingue de l'alun

4

Ce léger sulfate, dont les liens d'ailleurs sont extrêmement reláchés par le grand volume d'eau où il se trouve étendu, n'aura donc plus qu'une existence fugitive et instantanée; *il échappera aux réactifs :* mais par sa volatilité il n'en est que plus propre à se répandre de suite dans toute l'habitude du corps; ce qui explique les heureux effets qu'il produit souvent, après deux ou trois jours, dans les maladies les plus graves (*voyez plus bas*).

Cet état moins caractérisé, où peuvent se trouver quelques substances dans les eaux minérales, étoit reconnu des meilleurs chimistes. C'étoit le sentiment de Bayen. C'est ce qui faisoit

---

ordinaire, et leur cristallisation particulière, à l'état moins caractérisé de leur acide; ce qu'il y a de certain, c'est que la saveur de notre alun de plume est moins piquante que celle de l'alun du commerce.

dire à Macquer que l'analyse des eaux minérales étoit l'opération la plus délicate de toute la chimie. Monnet, qui a beaucoup écrit sur les eaux minérales, et qui en a analysé un grand nombre, non à de grandes distances de leurs sources, mais sur les lieux mêmes, a dit qu'il y avoit dans certaines eaux des principes équivoques, imparfaits, dans l'état d'embryon, et qu'il falloit deviner.

Mais ce n'est plus ce qu'il faut dire aujourd'hui. La tâche d'un chimiste est devenue plus facile; il peut démontrer les principes d'une eau minérale à telle distance de sa source qu'elle ait été transportée, et cela sans la moindre hésitation, et cependant sans avoir pris aucuns renseignemens préliminaires, et aucunes connoissances locales; aussi voici ce qui arrive : comme il a opéré sur une nature morte, il ne prononce que sur des débris; et l'état primitif, l'esprit de vie, qui dans la source animoient ce squelette , lui restent inconnus (1).

Selon moi, analyser n'est pas toujours connoître. Les eaux minérales sont des combinaisons mystérieuses et délicates ; il faudroit, pour ainsi dire, ne les toucher que des yeux, ou n'y porter la main qu'avec beaucoup de circonspection : aussi n'est-il pas étonnant que, sous la main de plomb de la chimie moderne, tout se réduise en des *caput mortuum.*

La nature n'est plus ce protée qui prenoit des formes différentes pour échapper à nos recherches : on lui a tracé sa marche et fait la loi ; elle doit répondre catégoriquement et avec une précision mathématique. Qui n'auroit embrassé une pareille doctrine ? et qui est-ce qui n'y tiendroit pas ? il est

_____

(1) Le séjour des grandes villes est peu propre à faire de bons juges en agriculture : en seroit-il de même en eaux minérales ?

si satisfaisant de marcher avec sécurité, et si commode de ne plus douter ; au lieu que dans l'ancienne chimie on n'étoit jamais content de soi, parce qu'on étudioit la nature, et qu'elle ne répond que par des à-peu-près : mais cette révolution opérée par Lavoisier (1), comme toutes celles où les choses seront dans un état forcé et contre nature, aura son terme ; l'histoire de la chimie aura aussi son interrègne : on reviendra à beaucoup d'égards aux anciens erremens, et la théorie des couleurs aura des lecteurs et des partisans.

MM. les commissaires disent qu'ils ne sauroient admettre un acide sulfurique dans un état moyen, et qui se détruiroit sans laisser aucunes traces de son existence. Mais, nous l'avons déjà dit, les opérations de la nature

_____

(1) Lavoisier, victime d'une autre révolution, et dont les arts pleureront long-temps la perte.

n'ont-elles pas leur commencement, et ne s'avancent-elles pas progressi‑vement, en restant plus ou moins de temps dans un état moyen? Si vous les saisissez dans les premiers pas de cette marche, vous n'aurez que des ébauches et des résultats imparfaits. Leur consolidation n'arrive qu'avec le temps, encore dépend-elle du rappro‑chement des principes; s'ils deviennent trop étendus, leur attraction cesse, et la décomposition commence et se con‑tinue. Le sulfate de nos eaux peut donc être dans un de ces états moyens, manquant de solidité, et susceptible de se détruire plus aisément, même de se soustraire en tout ou partie à l'action des réactifs, qui dans un état plus par‑fait auroit décelé sa présence aux yeux.

Mais ces messieurs vont appuyer mon opinion en voulant la détruire. Voici ce qu'ils disent (*voyez leur analyse*) : 8.º *la muriate de baryte n'y produit* (dans les eaux de Provins) *aucun effet sur-le-champ, mais il se forme quelques temps après un précipité blanc-sale...* Qu'est-ce qu'annonce un précipité de baryte? La présence de l'acide du soufre. Pourquoi ces messieurs ont-ils essayé le muriate de baryte dans ces eaux? C'est pour constater la présence de cet acide, dans le cas où il se formeroit un précipité : or, voilà un précipité ; donc il y a de l'acide du soufre. *Mais,* ajoutent ces messieurs, *ce précipité se redissout en totalité dans l'acide muriatique.* Pourquoi, leur dirai-je? C'est que l'acide du soufre, dans ces eaux, étant dans un état moins prononcé et peu adhérent, n'a attaqué la baryte que foiblement ; il lui a même fallu du temps ; et qu'il n'a pu résister ensuite à l'action de l'acide muriatique à nu. Ses principes peu fixes se sont désunis, et il s'est dissipé ;.. *ce qui prouve,* concluent ces messieurs, *qu'il n'y a pas d'acide sulfurique,* c'est-à-dire, leur répondrai-je, d'acide sul-furique fixe et solidement constitué, tel que celui des laboratoires.

D'ailleurs, disent ces messieurs, il y a mille preuves que, dans toutes les eaux où il y a du fer, c'est l'acide carbonique qui leur sert de dissol-vant; mais ce seroit prouver le même par le même, si, comme je le crois, les eaux ferrugineuses, pour la plu-part, sont de la classe de celle de Provins, et ont aussi leurs pyrites, ou matières sulfuro-martiales (1): loin

(1) Pour s'en assurer voici ce qu'il faut faire: Dans tous les endroits où l'on verra de fortes traces d'eau ferrugineuse couvertes de pelli-cules irisées, on enlèvera de la terre, soit à l'endroit même, soit à peu de distance. Si on n'y trouve pas de fragmens de pyrites sul-fureuses, je suis presque sûr que cette terre, à laquelle on n'avoit d'abord trouvé aucun goût, prendra après peu de temps une saveur vitrio-lique, même qu'elle se couvrira d'une espèce de mousse saline.

qu'on doive les opposer à cette dernière, elles font cause commune avec
elle.

Ces messieurs ajoutent qu'en admet-
tant même avec moi que la pyrite
fournisse un sulfate de fer à l'eau, le
carbonate de chaux que cette eau contient abondamment le décomposeroit
à l'instant. Cela n'est pas exact, et ces
messieurs n'ont pas consulté l'expérience. J'ai mis dans une pinte d'eau de
puits quatre grains de sulfate de fer :
ce ne fut qu'après une demi-heure que
l'eau commença à se troubler, et il
fallut plusieurs heures pour que la décomposition fut complette. Il est vrai
que dans nos eaux le sulfate paroissant
moins solide, et son acide plus volatil,
la décomposition de l'un et de l'autre
doit être plus prompte. Leur existence
pourra donc n'être saisie que sur la
fontaine; encore, comme je l'ai dit,
peut-elle éluder l'action des sels de baryte : ce que cependant elle n'a pas fait

5

complétement, même à Paris, comme on vient de le voir dans l'expérience de MM. les commissaires.

On n'est pas bien venu, je le sais, à dire qu'il se trouve des principes qui, légèrement combinés , peuvent échapper aux expériences. Aujourd'hui on n'admet rien que ce qui tombe sous les sens. Les chimistes veulent palper, mesurer, peser : ce sont leurs termes. J'ai fait voir cependant qu'il ne falloit pas toujours nier par la raison qu'on ne voit pas. Je ne me contenterai pas d'ajouter ici, pour le leur prouver, que, quand je fais la lessive de nos pyrites couvertes de cristaux de sulfate de fer, presque tout se décompose, je ne retrouve plus l'acide, et je ne palpe que du carbonate; mais je leur rappellerai que, même dans les vitriolisations en grand, il se fait aussi des décompositions et de grands déchets. Je n'en éprouve pas quand j'ajoute à la lessive de nos pyrites de l'acide sulfurique;

tout alors se convertit en sulfate de fer, et cristallise sans perte, parce que l'acide bien constitué, que j'ai mis, remplace l'acide foible qui s'est détruit en se volatilisant.

Je désire que ces messieurs, pour démontrer que c'est du carbonate de fer qui constitue les eaux minérales ferrugineuses comme celles de Provins, et non un sulfate léger, s'y prennent comme le savant dont j'admire avec eux les talens. Lavoisier prouvoit l'analyse par la synthèse, et c'est où j'attends ces messieurs. Pour régénérer une eau toute semblable, qu'ils fassent dissoudre une portion de fer par l'acide carbonique dans une certaine quantité d'eau commune. Qu'en résultera-t-il? une eau sans odeur et d'un goût piquant; mais nos eaux ont une odeur qui leur est particulière, et un goût qui n'est rien moins que piquant. Au contraire, comme je l'ai dit, elles ont un goût douceâtre qui,

5.

sur-tout, quand elles sont fortes, laisse
après qu'on les a bues une saveur un
peu sucrée, comme seroit une eau
ordinaire dans laquelle on auroit dissout deux grains de sulfate de fer;
elles ont de plus des vertus médicales
que sera loin d'avoir leur eau factice,
comme j'en donnerai plus bas des
exemples.

C'est donc moi qui ai prouvé, à la
manière de Lavoisier. Une multitude
de malades et d'officiers de santé, ainsi
que je l'ai dit, conviennent unanime-
ment que l'eau préparée avec le sulfate de la pyrite a le même goût et
la même propriété que l'eau de la fontaine minérale.

Nous allons passer à l'analyse de
ces messieurs, à la suite de laquelle
je ferai quelques réflexions auxquelles
elle aura donné lieu.

ANALYSE *de l'Eau Minérale de*
Provins, extraite du rapport
de MM. THENARD *et* VAUQUELIN,
commissaires, à l'académie
royale des sciences. (1)

CETTE eau nous a été envoyée sur
notre demande, par le sous-préfet de
Provins, qui l'a fait puiser devant lui
à la source, et sur laquelle il a ap-
posé son cachet.

Depuis son arrivée à Paris, cette
eau avoit formé par le repos, sur la
paroi intérieure de la bouteille, un
léger dépôt rougeâtre qui s'est aisément détaché par l'agitation.

_____

(1) Cette analyse est insérée dans le bulletin
ou journal de pharmacie, année 1813.

~~~~~~~~

Examen de cette eau par les réactifs.

1.º Exposée à l'air elle se trouble, en déposant une matière jaune pâle;

2.º Le nitrate d'argent y forme un précipité blanchâtre, dont la plus grande partie est redissoute par l'acide nitrique; la liqueur ne reste que simplement opaline;

3.º La noix de galle y produit un précipité floconneux de couleur purpurine (1);

4.º Le prussiate de potasse y dé-

---

(1) Le fer dissout dans l'acide sulfurique formant avec la noix de galle un précipité bleu, plus ou moins foncé, et celui qui est dans l'eau minérale en donnant un de couleur purpurine, il ne paroît pas y être dissout par l'acide sulfurique; cependant le sulfate de fer dissout dans l'eau chargée de carbonate, acidulé de chaux, précipite en pourpre.

veloppe une couleur bleue pâle qui devient bleue par l'exposition à l'air;

5.º Le muriate de baryte n'y produit aucun effet sur-le-champ, mais il se forme quelque temps après un précipité blanc sale, qui se redissout en totalité dans l'acide muriatique; ce qui prouve qu'il n'est pas occasionné par l'acide sulfurique;

6.º L'oxalate d'ammoniaque y détermine un précipité extrêmement abondant : trois décalitres de l'eau de Provins, soumis à l'ébullition pendant long-temps, ont fourni huit pouces un tiers de gaz acide carbonique, ou cinq cent vingt-neuf centimètres cubes, un peu plus de la moitié du volume d'eau employée.

Cette eau contient donc vingt-sept pouces huit dixièmes d'acide carbonique par litre, et en poids dix-neuf grains.

Evaporation.

Huit litres de l'eau de Provins, évaporés à siccité dans un vase d'argent, ont fourni un résidu rougeâtre, pesant six grammes dix centigrammes; ce qui donne pour chaque litre environ soixante-douze centigrammes.

Ce produit a été soumis à l'action d'environ cinq fois son poids d'alcohol bouillant, employé à différentes fois; il avoit perdu par cette opération quarante centigrammes, c'est-à-dire que son poids étoit réduit à cinq grammes 70 centigrammes.

L'alcohol avoit acquis une couleur rouge assez intense; évaporé à siccité dans une capsule de porcelaine, il a fourni un résidu de couleur brune, pesant trente-cinq centièmes de gramme. Ce résidu avoit une saveur salée très analogue à celle du muriate de soude, seulement un peu plus piquante.

Examen des matières dissoutes par l'alcohol.

Ce sel mis avec de l'eau distillée s'y est en grande partie dissout, cependant il est resté sur les parois de la capsule une matière brune, sous forme de petits globules qui avoient tous les caractères d'un corps gras; car, mise sur le papier chauffé, elle s'y imbiboit et le rendoit transparent; appliquée à la surface d'un corps quelconque, elle l'empêchoit de se mouiller; enfin, exposée sur les charbons ardens, elle se fondoit et se réduisoit en vapeurs dont l'odeur ressembloit à celle du suif.

L'oxalate d'ammoniaque, mêlé à la dissolution saline ci-dessus, y a formé un précipité dont le poids n'équivaloit qu'à dix milligrammes; c'étoit de l'oxalate de chaux.

La liqueur dont on avoit séparé

l'oxalate de chaux a été évaporée à siccité, et son résidu calciné pour décomposer l'oxalate d'ammoniaque qui y restoit, et obtenir le muriate de soude isolé.

Le résidu traité par l'eau, pour redissoudre ce qu'il pouvoit contenir de soluble, nous a présenté dans sa dissolution les propriétés suivantes :

1.º Il avoit une saveur salée et légèrement alcaline;

2.º Il rétablissoit promptement la couleur du tournesol, rougi par un acide;

3.º Il précipitoit en blanc jaunâtre le nitrate d'argent, et le précipité se dissolvoit dans l'acide nitrique, en produisant une légère effervescence, et la portion restante avoit alors une couleur blanche;

4.º Elle ne produisoit d'autre effet dans la dissolution concentrée de platine qu'une légère effervescence;

On ne peut méconnoître ici la présence du muriate de soude, mêlé d'une petite quantité de carbonate de la même base; mais d'où vient ce carbonate de soude? Il n'est pas probable qu'il existoit dans l'eau minérale, car il auroit été décomposé par le muriate de chaux, dont la présence a été démontrée plus haut. D'ailleurs, en supposant pour un instant qu'il y eût du carbonate de soude dans l'eau, l'alcohol rectifié, que nous avons employé pour traiter son résidu, n'auroit pu la dissoudre.

Il vient, suivant nous, d'une portion de sel marin qui a été décomposé par l'oxalate d'ammoniaque au moment de la calcination; il s'est formé une petite quantité de muriate d'ammoniaque qui s'est volatilisé avant que tout l'oxalate de soude n'ait été décomposé. Cette explication a été au surplus confirmée par une expérience directe, qui consiste à faire calciner ensemble du muriate de soude et de l'oxalate d'ammoniaque.

L'on obtient constamment du carbonate de soude.

L'on voit donc déjà que l'eau minérale de Provins contient du muriate de soude, une très petite quantité de muriate de chaux, et une matière grasse.

~~~~~~~~~~

Examen du résidu de l'eau minérale insoluble dans l'alcohol.

Comme nous savions déjà, par des essais préliminaires, que ce résidu contenoit du carbonate de chaux et de l'oxide de fer, nous l'avons traité par l'acide nitrique affoibli, qui en effet en a dissout la plus grande partie avec effervescence. Lorsque l'acide a cessé d'agir, on a fait évaporer la liqueur jusqu'à siccité à une chaleur douce, et l'on a fait bouillir à plusieurs reprises des quantités assez grandes d'alcohol sur le résidu; par ce moyen on a séparé le nitrate de chaux et de magnésie, si celui-ci s'y trouvoit.

Le résidu ferrugineux ainsi lavé à l'alcohol ne pesoit plus que 1,22 grammes; l'acide nitrique lui avoit donc enlevé quatre grammes quarante-huit centièmes.

La dissolution alcoholique du nitrate ci-dessus, évaporée à siccité pour chasser l'alcohol, a été redissoute dans une petite quantité d'eau, et décomposée par l'acide sulfurique ajouté en excès. On a évaporé, à l'aide de la chaleur, l'acide nitrique et l'acide sulfurique surabondant; on a obtenu une matière blanche très sèche qui pesoit six grammes soixante - sept centigrammes, et qui représente, d'après les proportions connues, environ quatre grammes neuf dixièmes de carbonate de chaux : cependant l'acide nitrique n'a enlevé au résidu que quatre grammes quarante-huit centièmes. Il y a donc ici quarante-deux centigrammes de plus; mais il est possible que ce sulfate de chaux contienne du sulfate de magnésie, sel qui exige plus d'acide sulfurique que le sulfate de chaux.

Pour savoir donc s'il y avoit du sulfate de magnésie avec le sulfate de chaux, nous avons délayé la matière dans environ dix fois son poids d'eau, distillée froide, employée à diverses reprises en manière de lavage, et nous avons mêlé à la liqueur du carbonate de soude qui y a produit sur-le-champ un précipité blanc floconneux, lequel est devenu plus abondant par l'ébullition qu'a subie la liqueur. La chaleur a fait prendre à ce précipité une forme grenue et une légère couleur rosée. Ce précipité pesoit trois cent dix milligrammes ; après avoir été bien desséché, c'étoit de véritable magnésie carbonatée, qui contenoit une petite quantité de manganèse qui lui donnoit une teinte rose. Cette matière calcinée à une chaleur rouge a pris en effet une couleur grise brunâtre, et, lorsqu'on l'a remise avec de l'acide sulfurique, une partie seulement s'est dissoute, et l'autre est restée avec une couleur brune rougeâtre. La présence de la magnésie dans l'eau de Provins explique pourquoi nous avons trouvé ci-dessus plus de sulfate que nous ne devions en avoir, en supposant que l'acide nitrique n'eût enlevé que du carbonate de chaux à son résidu.

Le sulfate de chaux, ainsi lavé et calciné ensuite, ne pesoit plus que six grammes; il avoit donc perdu soixante-sept centigrammes.

Le fer dépouillé de la magnésie et de la chaux, et bien lavé, a été traité par l'acide muriatique, dont l'action a été aidée de la chaleur. La plus grande partie de la matière a été dissoute, en répandant des vapeurs qui avoient parfaitement l'odeur de l'acide muriatique oxigéné; ce qui, avec l'effervescence qui avoit eu lieu même à froid, annonçoit la présence de l'oxide de manganèse. Cependant il est resté une certaine quantité d'un résidu noir qui, malgré l'ébullition long-temps continuée, a résisté à l'action de l'acide muriatique. Ce résidu calciné étoit blanc et pesoit deux cents milligrammes. Il avoit toutes les propriétés de la silice.

La dissolution muriatique a été évaporée presque à siccité : en refroidissant, la liqueur concentrée a fourni des cristaux blancs sous la forme de paillettes brillantes, dont la saveur ferrugineuse étoit en même temps douceâtre; de l'eau versée sur ces cristaux a dissout tout ce qui paroissoit être muriate de fer, mais ne dissolvoit pas très promptement les cristaux.

Soupçonnant dans cette matière la présence du manganèse, on a versé dessus de l'acide sulfurique étendu d'eau; on a fait évaporer le mélange et calciner le résidu. Par cette opération, la matière est devenue d'un brun rouge; elle a été lessivée avec de l'eau chaude et recueillie sur un filtre, où elle a encore été lavée avec de l'eau chaude.

La portion de cette matière calcinée, qui n'a pas été dissoute par l'eau, avoit une belle couleur rouge, et a présenté toutes les propriétés de l'oxide de fer au maximum. Cet oxide de fer pesoit six cent huit milligrammes.

Pour savoir si l'eau employée pour laver l'oxide de fer ci-dessus contenoit du manganèse, ainsi que tout l'avoit annoncé jusques-là, on y a mis du carbonate de soude qui, en effet, y a produit un précipité blanc qui est devenu brun foncé par l'ébullition : cette matière lavée et séchée, et jointe avec celle qui avoit été séparée de la magnésie, pesoit cent trente-six milligrammes; c'étoit de l'oxide de manganèse assez pur.

Nous avons dit, dans le cours de notre analyse, qu'en brûlant l'oxalate

d'ammoniaque dont nous nous sommes
servis pour décomposer le muriate de
chaux, et le séparer du muriate de
soude, nous avons trouvé du carbonate de soude.

Quoique nous ayons prouvé qu'il
s'en forme dans cette circonstance,
cependant, comme l'eau de Provins,
concentrée sous un petit volume, rétablit la couleur du tournesol rougi
par un acide, nous en avons évaporé
quatre litres jusqu'à ce qu'il ne restât
environ que cent grammes de liqueur,
et après avoir filtré celle-ci, pour
la séparer des carbonates insolubles,
nous l'avons réduite à siccité; mais,
quoiqu'elle affectât la couleur du tournesol à la manière d'un alcali léger,
cependant elle ne donnoit aucun signe
d'effervescence avec les acides, et ne
précipitoit point l'eau de chaux.

Nous ne pouvons donc admettre
de carbonate de soude dans cette eau:
au surplus il seroit difficile de con-

cilier la coexistence de ce sel et du muriate de chaux que nous avons trouvé dans cette eau.

~~~~~~~~~~

Proportions des principes de l'eau minérale de Provins.

	Par huit litres.		Par un litre.
1.º Carbonate de chaux.	. 4420.	id.	554.
2.º Fer oxidé.	608.	id.	76.
3 º Magnésie.	180.	id.	35.
4.º Manganèse.	136.	id.	17.
5.º Silice.	200.	id.	25.
6.º Sel marin.	340.	id.	42.

7.º Muriate de chaux et enfin. . . . .

8.º Matières grasses, qualités inappréciables . .

} acide carbonique 27 pouces $\frac{8}{10}$ ou environ. 1000.

Telles sont les substances qu'il nous a été permis de reconnoître dans l'eau minérale de Provins ; nous croyons qu'il n'en existe pas d'autres, au moins en quantités appréciables, par aucun moyen connu.

Signé à la minute : THENARD, VAUQUELIN, rapporteur.

6.

La classe approuve le rapport, et en adopte les conclusions.

Certifié conforme à l'original : le secrétaire perpétuel. *Signé* G. CUVIER.

OBSERVATIONS.

MM. les commissaires, en faisant voir, par cette analyse en grand qu'ils ont faite de nos eaux, qu'elle ne leur avoit donné que du carbonate et point de sulfate de fer, n'ont répondu à aucune des observations de mon mémoire. Ils n'ont pas non plus rempli le vœu de l'institut; car voici ce qu'on lit dans le rapport : « Après la lecture » de ce mémoire, faite publiquement » dans le sein de la classe, M. le pré- » sident nomma M. Thenard et moi » (M. Vauquelin) pour lui faire un rap- « port *sur les opinions de M. Opoix,* » qui y étoient répandues ». Or leur rapport prouve seulement que l'analyse ne fait connoître dans les eaux de Provins que du carbonate et point de sulfate de fer : mais est-ce que je conteste cela ? C'est aussi mon opinion; elle est même énoncée dans le titre du mémoire. En quoi pouvons-nous différer, MM. les commissaires et moi? Le voici.... « Mais *faut-il en chimie* » *ne juger des choses que par ce* » *qu'on en voit?* et, parce qu'on ne » trouve par l'analyse que du carbo- » nate de fer dans nos eaux, et dans » celles de la même classe, doit-on » en conclure que c'est uniquement » ce carbonate de fer qui les cons- » titue dans leur source, et qu'il ne » peut s'y trouver un sulfate léger « et volatil? »

Voilà la question, et, comme on voit, elle n'a pas été abordée par MM. les commissaires. Que devoient-ils faire? Détruire mes doutes, et prouver, contre mon opinion, qu'on *ne doit en chimie juger des choses que par ce qu'on*

en voit, etc.; qu'en conséquence les
principes d'une eau minérale doivent-
être regardés comme immuables; qu'ils
n'éprouvent aucune variation, lorsque
l'eau sortant de sa source profonde
vient à communiquer avec l'atmosphère; qu'ils ne peuvent être altérés,
même modifiés par le transport, par le
laps de temps, par l'action des réactifs;
enfin que la nature n'a pas de sanc-
tuaire ni de secret pour un chimiste.

Ces messieurs n'ont donc pas, comme
ils l'avoient annoncé dans leur rapport, répondu *d'une manière satis-
faisante au vœu de la classe*, et
éclairé M. Opoix. Ils ont manqué ce
double but. Toutes les observations
dont j'appuie mon sentiment restent
donc dans toutes leurs forces, et j'ai
encore pour moi le témoignage una-
nime des médecins et de nombre de
personnes qui ont reconnu la simili-
tude parfaite, quant au goût et aux
propriétés, des eaux de la fontaine

et de l'eau imitée avec le sulfate de
la pyrite. Mais il faut en finir par
lassitude sur *ce grand procès*, qui,
comme disent MM. les commissaires,
dure depuis si long - temps, et qui,
ainsi qu'on l'a vu, n'est rien moins
que jugé. J'abandonne dorénavant et
pour toujours mon opinion à son sort :
d'ailleurs ce seroit une inconséquence
de ma part de mettre plus d'importance à la connoissance analytique de
nos eaux, d'après ce que je vais dire.
Peut-être est-ce un autre procès que
je me suscite. Heureusement pour
moi qu'il ne faut pas être chimiste
pour décider cette nouvelle question,
et tout le monde peut s'établir juge.

Il est sans doute très nécessaire de
connoître les principes actifs qui constituent une eau minérale, et lui donnent des propriétés médicales ; mais
l'importance que le public, et sur-tout
les gens instruits, mettent à l'analyse
des eaux, doit avoir ses bornes. Une

eau connue depuis long-temps, que
de bons médecins ont employée et
appliquée avec succès à nombre de
maladies, et sur laquelle on a fait les
observations médicales les plus multipliées; cette eau, dis-je, a peu besoin
d'une analyse rigoureuse. Je pourrois
même dire, en prenant pour exemple
les eaux de Provins, que la meilleure
n'aura jamais aucun but utile à la
médecine.

Ce n'est que dans ces derniers temps
qu'on sait analyser les eaux minérales :
or les nôtres sont connues depuis près
de 170 ans, et la chimie alors n'existoit pas; mais il y avoit de bons médecins qui les employoient dans tous
les cas où les préparations de fer sont
recommandées. Les succès les plus sa-
tisfaisans, même les plus étonnans et
les plus multipliés, prouvèrent leur
efficacité dans un grand nombre de
maladies. En peu d'années on a connu
toutes celles auxquelles ces eaux sont

propres, et les ressources qu'elles pouvoient fournir à la médecine. Que
l'analyse donc qu'on en fera soit plus
ou moins exacte, qu'on la fasse même
ou qu'on ne la fasse pas, c'est ce qui
importe peu à la médecine-pratique
de ces eaux.

Leur analyse, sans être de quelque
utilité, n'offre de plus qu'un travail
ingrat; parce que, nos eaux variant sans
cesse, la meilleure analyse ne donne
que l'état du moment présent, et pourroit n'être plus en rapport, comparée
à celle qu'on auroit faite ou qu'on feroit un peu avant ou un peu après.

Je ne dirai pas, pour prouver cela,
qu'aucun de ceux qui ont analysé ces
eaux ne se sont pas rencontrés; mais
je dirai que M. Vauquelin, qui en a
fait deux fois l'analyse, en a fait deux
analyses différentes : non-seulement
les quantités des produits diffèrent
toutes entr'elles dans ces deux analyses, mais dans une il y a des subs-

tances qui ne se trouvent pas dans l'autre, *et vice versâ*, et c'est ce qui arrivera nécessairement à tous ceux qui feront deux fois l'analyse de nos eaux. D'où vient cela? Le voici :

On a vu que le terrain dans lequel le puits minéral est creusé se trouve coupé par des couches horizontales de terres de différente nature, et qui se distinguent à l'œil par différentes couleurs. La hauteur des eaux dans le puits est variable. Elles sont plus élevées, c'est-à-dire qu'il y a environ 10 pieds d'eau dans les saisons humides, même dans les beaux jours du printemps, après un hiver pluvieux : alors elles semblent peu minérales, et, si on vouloit en faire usage, il faudroit renouveler l'eau, en en rejettant une grande partie. Dans les temps de pluie, la prairie se trouvant abreuvée d'eau, toutes les couches de terre lavées par cette eau donnent dans le puits ce qu'elles ont de soluble; mais, quand il n'a pas plu depuis long-temps, dans les sécheresses, et lorsque les eaux sont basses, ce ne sont plus que les couches inférieures du terrain et où se trouve la pyrite qui fournissent de l'eau. Qu'une pluie subite vienne à baigner la prairie, les eaux s'élèvent dans le puits et deviennent de suite différentes de ce qu'elles étoient peu d'heures avant. Il faut ajouter à cela, comme nous l'avons dit plus haut, que, quand le baromètre descend à la pluie, à l'orage et à la tempête, ces eaux éprouvent des changemens.

Même dans une suite de beaux jours, l'eau qui a séjourné long-temps dans le puits, sans être renouvelée, est en partie décomposée. Cette décomposition commence par la surface, et gagne les couches inférieures jusqu'à une certaine profondeur : mais j'ai toujours remarqué que, jusqu'à la hauteur de deux pieds, en partant du fond, en quelque temps que ce soit, l'eau est très minérale, et on lui retrouve l'odeur qui lui est particulière, et dont les couches supérieures d'eau décomposée sont dépourvues (1).

On pourroit donc se dispenser d'essayer notre eau minérale avec l'acide gallique ou le prussiate, pour connoître si elle est minérale et à quel degré elle peut l'être. Pour en juger il suffit de consulter l'odorat. Il est très sensiblement frappé dans tous les temps par l'eau très minérale qui occupe le fond du puits; plus foiblement par l'eau prise un peu au-dessus; enfin dans certains temps, comme nous l'avons dit, l'eau puisée près de sa surface n'a aucune odeur, et n'est pas minérale.

L'eau, peu de temps après avoir été tirée, perd son odeur; elle cesse

(1) Je m'assure de l'état de l'eau à différentes profondeurs, en me servant d'un petit seau dont la forme sera décrite. (*Voyez le post-scriptum.*)

bientôt d'être minérale, et le fer se
précipite. Cette odeur, dans les chaleurs, et quand nos eaux sont dans
toute leur force, est plus prononcée.
Elle ne se définit pas aisément : les
preneurs d'eau varient de sentiment.
Nous dirons dans le post-scriptum ce
que nous en pensons. On verra qu'elle
n'est pas sans intérêt, et même qu'elle
n'est pas étrangère aux vertus de nos
eaux.

Je dois dire qu'en mars dernier, par
un temps sec et le vent d'est soufflant,
je descendis dans le puits minéral le
vaisseau dont je me sers pour prendre
de l'eau à différentes profondeurs. Je
trouvai, contre mon attente, que l'eau
n'étoit point minérale jusqu'à la profondeur de sept pieds; plus bas, et
sur-tout au fond du puits, elle étoit
très minérale. Quelques jours de pluie
étant survenus, et le vent soufflant du
sud-ouest, je fus étonné de trouver
que l'eau étoit minérale même près de

sa surface : ceci déconcerte et dérange un peu mes calculs, et ce que j'ai dit plus haut. J'ai encore eu depuis des résultats contrarians. Ces variations inexplicables me prouvent davantage qu'une analyse très exacte est un travail peu satisfaisant.

Toutes ces altérations qui arrivent dans nos eaux doivent inquiéter peu les malades. Le remède aux changemens qui surviennent et qui influent sur leur bonté, c'est d'en tirer et rejeter une certaine quantité, parce qu'alors les sources minérales fournissent de nouvelle eau. Lorsque la saison des eaux commence, on tarit le puits pour le débarasser des eaux étrangères ou de l'eau minérale décomposée par le long séjour, et du dépôt qui s'est formé au fond. Lorsque des variations de temps ont rendu ces eaux moins bonnes, c'est encore le cas de vider le puits tous les matins : même, avant de donner de l'eau aux malades on doit en rejeter une certaine quantité. L'eau devient d'autant plus minérale qu'on en a rejeté davantage.

Il s'ensuit de ce que je viens de dire que non-seulement des analyses de ces eaux, faites en différens temps, ne se ressembleroient pas, mais même que trois analyses faites ensemble, l'une sur de l'eau qu'on auroit puisée avant d'avoir rejeté de l'eau; la seconde, lorsqu'on en auroit rejeté une certaine quantité; enfin la troisième quand on auroit épuisé davantage le puits, pré-senteroient des différences très gran-des (1). Ces variations dans nos eaux

---

(1) Il faut dire encore que l'action de tirer de l'eau avec un seau remue toute la masse d'eau jusqu'au fond du puits, et en fait remonter les dépôts. D'abord les parties les plus légères, ensuite de plus pesantes. Toutes ces matières, étrangères à l'eau, font cependant partie des analyses, et apportent aussi des différences dans les résultats.

doivent avoir lieu plus ou moins dans les autres eaux minérales, et doivent rendre leur analyse également incertaine.

Tout ceci appuie toujours ce que j'ai dit plus haut : que l'analyse d'une eau minérale anciennement connue et fréquentée est peu nécessaire ; que toutes celles qu'on fera de nos eaux et de beaucoup d'autres différeront entre elles, et ne donneront que l'état des eaux à l'instant où on les analyse ; que ce qui peut seul intéresser quelques gens du métier, c'est de savoir si l'acide carbonique est le seul dissolvant du fer, ou s'il ne se trouveroit pas à la source un sulfate léger et fugitif : mais ces discussions d'ailleurs ne donnent aucunes lumières au médecin qui conseille ces eaux ; elles sont oiseuses pour lui, il ne les lit pas et guérit ses malades, comme faisoit il y a cent soixante ans P. Legivre, qui n'entendoit rien en chimie ; et, si on

reprochoit à ce médecin son insou-
ciance, il pourroit dire : je défie qu'on
me cite une guérison de plus opérée
par une analyse mieux faite que celle
qui l'a précédée.

Encore un mot sur les analyses
des eaux minérales. Qu'on mette une
scrupuleuse exactitude dans la décomposition d'une substance d'un intérêt
majeur, et dont toutes les parties cons-
tituantes ont besoin d'être connues,
on est payé de ses peines par le degré
d'utilité qu'elles peuvent procurer ;
mais qu'importe que, dans une eau minérale dont les principes actifs sont
connus, et à laquelle le fer seul donne
des propriétés, il y ait en outre quelques matières insignifiantes et absolument nulles, comme il s'en trouve
dans toutes les eaux communes, telles
que du carbonate de chaux, des mu-
riates, de la silice, etc., à la dose
de quelques grains, même d'un grain
par pinte, et d'autres en quantités

si petites qu'on ne peut en estimer
le poids. Ces recherches laborieuses,
pénibles, minutieuses et absolument
dépouillées d'intérêt, méritent - elles
la perte du temps qu'on y emploie?

Je dois, en finissant cet article, pro-
tester que ce n'est pas l'amour-propre
qui m'a dirigé dans cette discussion;
que personne n'apprécie plus que moi
les talens supérieurs et le profond savoir de MM. les commissaires, particulièrement M. Vauquelin, que j'ai
l'honneur de mieux connoître, et pour
lequel j'ai autant de vénération que
d'estime; que je regarde comme une
bonne fortune pour ce traité de produire une analyse aussi savante, puisqu'une analyse exacte est la partie
obligée d'un traité des eaux; que,
dans tout ce que je me suis permis
de dire, je n'ai été excité que par
l'amour de la science et l'avantage de
l'humanité. Je cherche à détruire cette
opinion si fausse et si funeste à la mé-

decine, que l'art en sait autant que la
nature, et qu'on peut l'imiter parfaitement dans la préparation de toutes les
eaux minérales. Mais, pour ne prendre
des exemples que dans les nôtres, et
oubliant ce que j'ai dit de leurs principes fugaces, etc., que l'on compare
les effets qu'ont produits les eaux que
l'art charge péniblement de carbonate
de fer, avec les cures étonnantes et ra-
pides que produisent nos eaux; succès
inconnus aux eaux factices. Je ne parlerai pas des cures que j'ai vu s'opérer
sous mes yeux depuis cinquante ans,
je serois suspect. Mais j'en citerai deux,
entre beaucoup d'autres, que P. Legivre rapporte dans son ouvrage publié
en 1659, observant encore que cet
habile médecin écrivoit sous les yeux
et entouré de gens qui, dans leur nou-
veauté, décrioient ces eaux et tour-
noient même en ridicule leurs partisans; ce qui, comme il le dit lui-même,
ne lui faisoit rien avancer que ce

qui étoit à la connoissance de tout le monde.

« M. Logre, curé de Ste.-Colombe,
» près Provins, étant attaqué depuis
» cinq ans d'une colique bilieuse, et
» ayant été huit ou dix jours tour-
» menté de douleurs si grandes, qu'il
» ne reposoit ni jour ni nuit, et ne
» pouvoit souffrir aucune nourriture,
» à cause d'un vomissement continuel,
» fut conduit à nos sources minérales,
» et dès le premier jour son vomis-
» sement cessa; au troisième il reposa
» et vint, sans y être conduit, boire
» avec allégresse..... »

« Le R. P. Gibon, religieux à Pro-
» vins, ayant eu depuis deux ans divers
» accès d'une colique néphrétique, et
» urinant le sang, but de nos eaux.
» Dès le premier jour qu'il a com-
» mencé à en boire, il a jeté environ
» plein la coque d'une noix de gra-
» velle rougeâtre avec quelques glaires
» et filets; les jours suivans il en est

» encore sorti beaucoup; en un mot
« elles lui ont si bien fait que.... »

Qu'est-ce qu'auroit produit, dans ces
maladies et dans beaucoup d'autres
aussi graves, que les bornes que je
me suis prescrites m'empêchent de
citer, qu'auroit produit le carbonate
de l'art ? Pas plus d'effets que les
autres préparations de fer, dont on
reconnoît tous les jours l'insuffisance.
Cessons donc de lutter contre notre
maître, et reconnoissons dans les eaux
minérales une main bienfaisante qui
veut se tenir cachée et confondre notre
orgueil, en ne cessant de nous convaincre de maladresse et d'impuissance.

Ma franchise pourra déplaire. Je
jète le trouble où régnoit la sécurité;
j'entoure le chimiste d'incertitudes dé-
courageantes : cette route, qui s'appla-
nissoit tous les jours sous ses pas,
devient un sentier obscur, hérissé de
difficultés. Il craindra de ne satisfaire
qu'une vaine curiosité, et de manquer

le seul but louable, celui d'être utile
à l'art de guérir : mais voici ce qui
arrivera, on ne me lira pas, ou on fera
comme si on ne m'avoit pas lu, et il
en sera de même que de ma théorie
des couleurs.

———

Propriétés *des Eaux Minérales de Provins; régime et conduite que l'on doit suivre avant, pendant et après leur usage.*

Pour faire connoître les vertus des eaux minérales de Provins, je pourrois rapporter un grand nombre de cures heureuses qu'elles ont opérées: c'est l'usage que l'on suit dans les traités d'eaux minérales; mais ces détails recueillis de tous côtés, écrits par différentes mains, sont souvent exagérés, et toujours imparfaits et peu corrects; ils donneroient donc, sans beaucoup de fruit, à cet article plus d'étendue que je ne me le propose (1). Je me contenterai de pré-

---

(1) C'est pour cette dernière raison que je ne rapporterai pas même les nombreuses cures que cite P. Legivre dans ses ouvrages.

senter un tableau des maladies auxquelles ces eaux sont propres : ce
résumé est extrait de l'instruction que
j'avois faite pour les malades qui faisoient usage des sels de nos eaux minérales. Il se trouve confirmé par le
témoignage constant des médecins et
des gens instruits qui se sont le plus
appliqués à connoître et à suivre les
effets que ces eaux produisent sur les
malades. C'est d'après ces personnes
éclairées, et ce que j'ai pu observer
par moi-même, que je parlerai de
quelques usages particuliers qu'on doit
suivre en prenant ces eaux. J'ai fait
aussi usage des observations générales,
communes aux eaux de la nature de
celles de Provins, et que j'ai puisées
dans les ouvrages les plus estimés.

Les eaux minérales de Provins se
prennent avec le plus grand succès
dans les maladies chroniques qui recon-
noissent pour cause des sucs épaissis
et condensés, et celles qui sont occa-

sionnées par le relâchement et l'atonie des solides. C'est ce qui rend ces eaux singulièrement propres pour résoudre les engorgemens et obstructions au foie, à la rate et au mésentère; pour les douleurs néphrétiques, la pierre, la gravelle, les difficultés d'uriner, les suites des gonorrhées, les fleurs blanches, la jaunisse, les pâles couleurs et autres affections hystériques. Elles contribuent à dissiper la mélancolie, les vapeurs et quelques maladies de nerfs. On les emploie efficacement dans la bile répandue, les flux hépatiques, céliaques et dyssentériques; les paralysies commençantes, l'hydropisie par infiltration, l'incontinence d'urine causée par le relâchement des fibres. Elles favorisent l'ordre des digestions, et le rétablissent lorsqu'il est altéré. Elles combattent les dispositions à l'apoplexie séreuse, les humeurs rhumatisantes et goutteuses; les érésipèles, les dartres, la galle, les humeurs

8

froides. Elles remédient aux vomisse-
mens, aux douleurs, dégoûts et débilités
d'estomac; aux migraines et aux maux
de tête provenant du mauvais état de
l'estomac et des viscères du bas-ventre.
Elles conviennent sur-tout à la suite
des fièvres lentes, tierces, quartes,
etc.; dans le reliquat de la petite vé-
role, et aux maladies dépuratoires.
Elles sont très salutaires dans les chaleurs d'entrailles, les coliques invété-
rées, les maladies vermineuses, celles
sur-tout qui ont résisté à tous les autres
remèdes. Elles réussissent aux enfans,
fortifient leur tempéramment, excitent leur appétit, tuent les vers et
détruisent les mauvais levains qui les
entretiennent, etc., etc.

On a coutume de prendre ces eaux
en deux saisons. La première commence au milieu du printemps, et
la seconde finit au commencement de
l'automne. Chacune est d'environ six
semaines : lorsque les temps sont fa-

vorables, on peut commencer plutôt
et finir plus_ tard.

On observe constamment de ne pas
faire usage des eaux dans le milieu de
l'été. C'est sans doute une suite du
préjugé que l'on avoit de ne faire aucun remède pendant la canicule; mais
c'est moins le calendrier qu'il faut consulter pour faire des remèdes, que la
température et l'état de l'atmosphère :
les grandes chaleurs pourroient même
ne pas forcer à discontinuer l'usage
des eaux. P. Legivre qui, comme médecin, s'en est occupé particulièrement, et en a soigneusement suivi les
effets pendant plus de trente ans, rapporte que les malades s'en trouvoient
très bien dans les temps des grandes
chaleurs, et qu'il les prit lui - même
avec succès dans les mois de juillet et
d'août. Il nous dit aussi que, quand
la terre est desséchée par les grandes
chaleurs de l'été, c'est le temps où
ces eaux sont plus pures et plus utiles

8.

aux malades. « C'est un grand plaisir,
» ajoute-t-il, d'être toujours frais pen-
» dant qu'on use de ces eaux, et il
» est bien doux, lorsque la canicule
» brûle la surface de la terre, de se
» parer de ses ardeurs par un remède
» agréable et rafraîchissant. »

N'est-il pas probable, en effet, que
de la seule nécessité où l'on est l'été
de se lever matin pour boire ces eaux,
et de se promener à une heure où la
température est douce, l'air pur et frais,
il ne résulte déjà d'heureuses dispositions qui seconderont puissamment
l'effet des eaux? La fraîcheur qu'elles
répandent et entretiennent dans les
entrailles seroit aussi très salutaire aux
malades, et obvieroient à beaucoup
d'inconvéniens que produit la chaleur
sur les personnes même bien por-
tantes.

L'effet de l'excessive chaleur est de
relâcher la fibre musculaire, et d'augmenter le diamètre des vaisseaux :

alors les fonctions animales se font
plus lentement, l'estomac est pares-
seux et les humeurs restent stagnantes;
d'où il s'ensuit des pesanteurs, des dégoûts, des lassitudes, etc. Les grandes
chaleurs aussi, en provoquant des
sueurs abondantes et contre nature,
enlèvent quelques portions de cette
eau principe et de cet humide radical
qui donne de la fluidité aux humeurs,
lubrifie et diminue les frottemens, et
entretient le jeu des solides. Nos eaux
pourront donc réparer ces dissipations
extraordinaires ; leur fraîcheur et leur
vertu tonique, en donnant de l'élas-
ticité à la fibre, et en diminuant le
calibre des vaisseaux, rendront la circulation plus fréquente, plus libre et
plus accélérée : c'est donc sans motifs
solides, et contre la saine théorie et
les faits, qu'on se prive de ce remède
dans le milieu de l'été. Sans doute
qu'il seroit nécessaire alors d'user de
quelques précautions, comme de boire

ces eaux très matin, et de se garantir
soigneusement de l'ardeur du soleil.

Pourquoi même l'hiver dans un
cas pressant, s'abstiendroit-on de ce
remède, spécifique dans bien des maladies ? En quelque saison que ce soit,
c'est dans un temps nébuleux, très
variable, orageux et à la suite des
pluies, que ces eaux perdent de leurs
propriétés. On peut donc croire que,
quand le ciel est pur et que la terre
est gélée depuis quelque temps, ces
eaux doivent être dans le meilleur état
et produire tous leurs bons effets.
P. Legivre en avoit fait aussi l'expérience ; il nous cite un malade qu'une
rétention d'urine mettoit en péril de
la vie, et qui, ayant pris ces eaux dans
les plus grands froids de l'hiver, rendit
une quantité de pierres et de graviers
enveloppés de glaires, d'où s'ensuivit
la guérison parfaite. Il nous rapporte
qu'un chirurgien aussi de Provins ,
qu'il nomme, tourmenté par une co-

lique bilieuse et néphrétique qui avoit
résisté à tous les remèdes, fut guéri
radicalement, après avoir pris de ces
eaux quatre ou cinq jours seulement,
pendant une forte gelée. Ces guérisons
dont nous parle P. Legivre ne peuvent
être révoquées en doute, comme nous
l'avons fait remarquer. L'utilité des
eaux, dans ces commencemens, avoit
été contestée, et P. Legivre, en étant
un zélé partisan, avoit trop de contradicteurs, ainsi qu'il le dit lui-même,
pour se permettre de citer des cures
équivoques.

Le raisonnement et l'expérience
concourent donc à prouver l'efficacité
des eaux de Provins dans les grandes
chaleurs, même pendant la saison rigoureuse de l'hiver. Cela devroit bien
guérir de cette prudence peu éclairéé,
et de cette routine meurtrière qui font
différer jusqu'au milieu ou à la fin du
printemps l'usage des eaux, quand la
maladie pour laquelle elles sont indi-

quées fait des progrès qui rendroient
la guérison incertaine par le retard,
et souvent impossible.

Cela n'empêche pas de dire que la
belle saison ne soit la plus favorable
pour prendre les eaux. Un air pur,
calme et sec sans excès, voilà le temps
qui convient le mieux. Les principes
des eaux, ainsi que nous avons eu occasion de le remarquer; sont alors
plus rapprochés, mieux combinés et
plus énergiques. Comme ce remède
se prend sur le bord d'une prairie,
sous des ombrages frais, qu'il exige
des promenades en plein air, et qu'il
est besoin que les malades s'occupent
d'idées agréables, et n'éprouvent que
des impressions douces, on sent combien une douce température, un ciel
pur et serein, une belle matinée, un
air balsamique, une nature riante,
doivent influer sur toute l'économie
animale et concourir à donner aux organes plus de souplesse, à régulariser

leurs mouvemens , et à les rendre
plus propres à remplir leurs fonctions.
Les causes physiques et morales se
réunissent donc alors avec les vertus
des eaux, pour opérer la guérison des
malades.

Il en arrive autrement dans les
temps couverts, disposés à l'orage,
dans les variations subites de l'air, et
par des vents impétueux. Ces météores
rompent plus ou moins l'équilibre des
liqueurs, troublent les relations sym-
patiques des solides , et détruisent
l'harmonie de toutes les parties que
les eaux doivent rétablir. Ce trouble
dans les élémens, cette teinte sombre
et rembrunie qui se répand sur la
nature , communiquent aux malades
une anxiété, un mal-être, un serre-
ment, une tristesse involontaire , et
quelquefois des mouvemens irréguliers
de la nature des spasmes.

J'ai indiqué, comme une autre cause
d'une partie de ces accidens, le défaut

9

d'une pression suffisante de la part de l'air (*voyez la minéralogie, chap.* 11, *pag.* 149); j'ai dit qu'elle faisoit plus d'impression sur les valétudinaires, et que nos eaux minérales s'en trouvent considérablement altérées : ces deux effets, qui agissent à la fois sur nos preneurs d'eau, expliquent pourquoi ils en sont si fortement affectés. Les malades doivent donc, pendant ces temps contraires, prendre moins d'eaux minérales, les boire chez eux, ou en suspendre l'usage. Il faut aussi cesser de les prendre, quand il a plu plusieurs jours de suite. Elles sont alors troubles, mêlées d'une eau étrangère, et même en partie decomposées; ce qui fait qu'elles fatiguent plutôt qu'elles ne soulagent. Au mois de mars, temps où elles sont moins fortes, elles n'incommodent pas; elles ont seulement moins d'efficacité, parce que l'eau qui s'y mêle est une eau pure et sourcilleuse dont tout le terrain est constam-

ment abreuvé dans le commencement
du printemps.

Je soumets aux lumières des médecins les réflexions suivantes :

D'où vient toutes les femmes in-
terrompent-elles ces eaux à l'approche
de leurs jours critiques, et pendant
toute leur durée? Sans doute ce n'est
pas pour elles le temps de commencer
à prendre des eaux; mais, quand les
règles surviennent pendant leur usage,
est - il absolument nécessaire, pour
toutes les personnes du sexe, de suspendre ces eaux totalement, comme
elles ont la coutume de le faire? On
se fonde sur ce qu'on doit s'abstenir
alors de tous remèdes; sans doute, de
tous remèdes dont l'effet contrarieroit
la nature. Mais un remède comme
celui-ci, qui est l'ami de la nature,
qui tend à fortifier, à rétablir l'ordre,
et qui lui-même est un puissant moyen
de provoquer les évacuations mens-
truelles, quand elles tardent trop à

paroître, de les rappeler quand elles
ont été supprimées, et d'en régler la
quantité et le retour périodique ; comment un pareil remède doit-il, dans
tous les cas et sans distinction, être
interrompu ? Il faut convenir que quelques femmes, dont le genre nerveux
est plus irritable dans ce temps critique, éprouvent alors des maux de
tête, et quelques autres inconvéniens,
et que nos eaux qui sont vaporeuses,
et portent souvent à la tête, peuvent
augmenter ces accidens. Il est donc
mieux sans doute, pour ces personnes,
d'interrompre les eaux. Il est peut-être
prudent que d'autres en boivent moins,
et prennent quelques précautions ; mais
il est beaucoup de femmes qui pourroient ne rien changer alors dans la
manière de prendre ces eaux ; car, je
le répète, il est très important de les
prendre régulièrement et sans inter-
ruption, quand on en a commencé
l'usage.

C'est encore par un abus des termes
que quelques personnes, sujettes aux
vapeurs, se préviennent contre ces
eaux, et s'en interdisent l'usage, parce
que, dit-on, elles sont vaporeuses :
mais c'est bien improprement qu'on
a donné le nom de *vapeurs* à cette
maladie dont certaines personnes sont
affectées. On devroit n'entendre par
le mot de vapeurs que des exhalaisons
ou matières raréfiées qui, se trouvant
plus légères que l'air, tendent à s'élever; et c'est dans ce sens que nos
eaux sont vaporeuses ou légèrement
gazeuses; mais cela a peu de rapports
avec *vapeurs*, maladie. Nos eaux même
produisent de très bons effets dans
quelques maladies de nerfs, en détrui-
sant les causes qui peuvent y donner
lieu.

On doit prendre ces eaux le matin,
à jeun, peu de temps après le lever
du soleil, et dans les grands jours
d'été, à cinq heures, autant qu'on

Je peut : la fraîcheur de la nuit a rè-
tenu ce que ces eaux ont de volatil,
et uni plus intimement les substances
qui les minéralisent. La chaleur du
jour, à mesure qu'elle augmente, re-
lâche les liens, les dispose à se rompre,
et enlève à ces eaux une partie de ce
léger acide gazeux; d'où s'ensuit une décomposition proportionnelle dans ces
eaux.

Il faut se garantir d'un abus qui
a généralement lieu dans les endroits
où les eaux minérales se boivent à la
source : c'est d'en prendre une trop
grande quantité chaque jour. Elles agissent alors seulement par leur poids ;
elles peuvent fatiguer et affoiblir l'estomac qu'elles devroient au contraire
rétablir et fortifier. Au lieu de se répandre dans toute l'habitude du corps,
de circuler avec le sang, la lymphe,
et de pénétrer jusqu'aux extrémités des
vaisseaux capillaires, elles se frayent
de fausses routes, passent de suite

par les urines, et on les rend par
cette voie à mesure qu'on les prend.
Il est vrai qu'elles ont servi à nettoyer
et déterger les reins et la vessie, et
à les débarrasser des matières mu-
queuses, glaireuses et sableuses que
ces viscères peuvent contenir; mais
le bien qui peut en résulter est nul
pour la plupart des buveurs qui n'ont
pas ces maladies; encore n'est-il que
local pour les personnes mêmes qui
les prennent pour des maladies de la
vessie; car il ne remonte pas aux
causes du mal qui, comme on le croit,
dépend d'une disposition particulière
du sang. Ainsi, dans le seul cas où une
grande quantité d'eau peut produire
quelques bons effets, elles n'opèrent
pas tout le bien qu'elles pourroient
faire si on les prenoit avec plus de
modération. Ce sont particulièrement
les forces digestives de l'estomac qu'on
doit consulter, et elles peuvent être
la mesure de la quantité d'eau qu'on

peut prendre, en observant toujours
de rester plutôt en deçà de ce terme.
Voici la méthode que l'on prescrit
ordinairement, et qu'on peut donner
pour règle générale :

En arrivant à la fontaine, on se
repose quelques instans; on boit ensuite un verre d'eau minérale, qui
doit contenir environ la quatrième
partie d'une bouteille de pinte de
Paris; on se promène l'espace d'un
quart d'heure; on prend un second
verre après lequel on se promène de
même, et ainsi de suite, faisant suc-
céder alternativement la promenade
à la boisson. On se contente de trois
à quatre verres le premier jour; le
second, on augmente d'un verre; le
troisième, on en prend un de plus;
les personnes délicates en restent là.
La plupart des malades en boivent
dix verres sans s'en trouver incommodés; les estomacs robustes peuvent
en prendre trois bouteilles. M. Mac-

quart , en parlant des eaux minérales ferrugineuses , dit même qu'on
peut en prendre davantage ; mais il
est peu salutaire et souvent très im-
prudent d'outre-passer cette quantité.
On sent que ceux qui en prennent
de fortes doses, doivent mettre moins
d'intervalle entre chaque verre , ou
en boire plusieurs de suite, et prendre
plus d'exercice que les malades qui
sont forcés d'en boire moins; car il
est bon que toute la quantité d'eau
qu'on doit prendre le soit en une
heure, ou tout au plus en une heure
et demie pour les personnes qui en
boivent beaucoup. Lorsqu'on n'a plus
que quelques jours à prendre les eaux,
on en diminue progressivement la dose,
et on finit par n'en boire que la même
quantité qu'on avoit prise en les com-
mençant.

On recommande la promenade ,
parce qu'elle aide la digestion des
eaux, qu'elle en favorise la circulation

et détermine les sécrétions ; mais il faut qu'elle se fasse sans fatigue. En général, le mouvement, l'exercice modéré, les amusemens et tout ce qui peut récréer l'esprit, convient pendant tout le temps qu'on prend les eaux minérales : on ne peut blâmer l'usage où l'on est ici de former des danses auprès de la fontaine. Les jeunes personnes, sur-tout celles du sexe, ont souvent besoin de ce mouvement qui est toujours pour elles accompagné de satisfaction et de plaisir. On sent bien que l'excès est très préjudiciable, et qu'il seroit très dangereux, après s'être mis en sueur, d'éprouver un refroidissement subit. On peut donc entretenir l'usage de la danse auprès des preneurs d'eau; on n'a que faire de le défendre à ceux qui sont d'un certain âge, ou dont la maladie est grave. Mais il est encore pour ces derniers un autre avantage; c'est que ce divertissement offre un spectacle agréable qui répand autour d'eux une joie communicative, et, sous ce rapport, il peut avoir son utilité.

Il faut non-seulement se défendre tout exercice violent, mais tout ce qui demande trop d'application, même les jeux qui exigent une attention trop soutenue : on doit chercher à varier ses occupations, et s'interdire celles qui obligent de rester long-temps dans la même position, ou le dos courbé et la tête baissée. La tranquillité d'esprit est aussi nécessaire ; les contrariétés, les inquiétudes, les impatiences et les passions de l'ame ne peuvent que nuire à l'effet des eaux.

Elles portent quelquefois à la tête. Elles causent alors des étourdissemens qui sont de peu de durée ; l'ardeur du soleil en est souvent la cause. On doit éviter de s'y exposer, comme de se promener le soir un peu tard, ou quand l'air est froid, humide ou trop agité.

Chez bien des malades, elles pro-

voquent le sommeil pendant la journée. Ce sommeil n'est pas dans l'ordre
de la nature ; loin de favoriser ses
fonctions, il ne peut que les troubler.
On doit donc combattre cette envie
de dormir; lorsqu'on s'y livre avant
ou après le dîner, on éprouve des
maux de tête, on se sent lourd, et
la digestion devient laborieuse.

Ces eaux excitent, chez quelques
personnes, un appétit auquel il faut
mettre des bornes et même savoir résister. Quelquefois une heure ou deux
après les avoir prises, on éprouve un
grand besoin de manger : on sent
que si on le satisfaisoit, la digestion
se feroit mal et qu'on s'en trouveroit
incommodé. Il faut, dans ces cas, se
contenter de prendre une croûte de
pain trempée dans un peu de vin
mêlé d'eau, ou un bouillon gras pour
attendre le dîner.

On doit mettre au moins quatre
heures d'intervalle entre le dernier

verre d'eau minérale et lè dîner; les eaux sont alors ordinairement passées. On peut s'en assurer par l'inspection des urines ; elles deviennent citronnées, de claires qu'elles sont ordinairement lorsqu'on rend les eaux par cette voie.

Il est plus sûr de ne rien prendre entre le dîner et le souper. Ce dernier repas se fait à huit ou neuf heures au plus tard. Lorsque dans l'intervalle des deux repas on se sent des besoins, on peut prendre un petit morceau de pain ou un biscuit et un peu de vin trempé d'eau.

L'estomac est la boussole qu'il faut toujours consulter pour l'heure de prendre des alimens, et pour la quantité qu'on doit s'en permettre. Lorsque l'on sent une plénitude, des pesanteurs, et une sorte de mal-aise, il faut reculer son repas, manger peu. Le soir sur-tout on doit être très sobre et même se priver quelquefois

de souper , ou ne prendre qu'un
bouillon, quand on se sent mal dis-
posé, et qu'on a lieu de craindre que
la digestion ne soit pas entièrement
faite le lendemain matin, lorsqu'il fau-
dra recommencer à prendre les eaux.

P. Legivre recommandoit, au contraire , de dîner légèrement et de
manger davantage au souper. Cette
espèce de contradiction ne vient que
de ce que de son temps l'habitude étoit
de dîner à onze heures et de souper à
six ou sept heures. La digestion avoit
plus le temps de se faire jusqu'au lendemain matin; on pouvoit se livrer à
quelques dissipations avant de se cou-
cher, et le repos de la nuit disposoit
l'estomac à se charger d'une nouvelle
quantité d'eau. Aujourd'hui que les
repas se font plus tard, c'est au dîner
qu'on peut se permettre de manger
un peu davantage.

Les alimens doivent être sains et
de facile digestion. Il faut que le pain

soit bien levé et bien cuit, et il est
nécessaire de faire gras pendant tout
le temps qu'on prend les eaux. On
peut manger des potages, des viandes
blanches : comme veau, mouton, vo-
lailles, lapereaux, perdreaux, cail-
les, etc.; du poisson, mais de celui
dont la chair est légère, des œufs et
des farineux préparés au gras ; comme
riz, vermicelle, etc.; des fruits cuits
et en compotes.

Il faut s'interdire toutes sortes de
ragoûts, les viandes et les poissons
salés ou fumés, le cochon et toutes
les préparations où on fait entrer sa
chair; les pâtisseries, les épices, les
crudités, les salades, le laitage, le
fromage ; on défend les noix, les
amandes, les fruits crus, sur-tout
ceux qui portent quelqu'acidité ; ce
qui pourroit cependant souffrir quelques exceptions. Il y a des personnes
qui peuvent manger un peu de fraises
ou de groseilles, quand ces fruits sont

bien mûrs, et en y mêlant du sucre.
Le léger acide de la groseille est
encore tempéré par un principe mu-
coso-sucré qui lui est uni, et peut-être
même disparoît-il dans l'estomac; car,
trouvant quelques portions de terre
martiale que les eaux auroient laissées,
il se combine avec elle, et peut même
lui servir de véhicule, et lui donner
les moyens de se répandre dans la
circulation.

On boit du vin modérément à ses
repas. Il doit être léger, sans être ca-
piteux, de bonne qualité et trempé
de deux tiers d'eau. On ne doit se permettre aucune boisson spiritueuse;
telle que les liqueurs de table, l'eau-
de-vie, les ratafias, la bière et le cidre;
ni boisson échauffante, comme thé,
café, chocolat : le thé peut se prendre
quelquefois, mais à titre de remède.

On ne peut donner ici que des gé-
néralités. Pour nombre de cas particuliers, il faut consulter son médecin.

On est plus ou moins sévère sur l'article des alimens, à raison de la nature de la maladie et de l'état de l'estomac; mais on voit tous les jours des malades retarder ou manquer leur guérison, faute d'avoir suivi un régime assez exact.

Si la sobriété est recommandée pendant l'usage des eaux, la continence n'est pas moins nécessaire. Souvent il est difficile d'écouter cette vertu, quand un penchant naturel s'y oppose; d'ailleurs, il est très ordinaire que l'usage des eaux minérales excite le désir, et porte sur le système des nerfs un agacement agréable, très propre à exciter les passions. La nature alors en impose aux sens; elle se fait illusion à elle-même. Ce sont des circonstances qui exigent qu'on se fasse violence pour se surmonter, autrement on deviendroit la victime d'une trompeuse foiblesse où le penchant entraîne.

Les eaux minérales sont un remède que la nature nous donne tout préparé; il ne s'agit de notre part que d'en faire les applications convenables, et sur-tout de ne pas contrarier ses effets en cumulant d'autres remèdes avec lui. Quand donc il est reconnu que l'eau minérale est le vrai remède indiqué pour une maladie, il est mieux de l'employer seul et de le laisser agir librement; mais il est des cas où il faut en user avec discernement, et le diriger avec prudence. Il y a quelquefois des complications de maladies où, quoique les eaux puissent convenir sous quelques rapports, elles peuvent empirer l'état du malade. Tous les sujets aussi ne sont pas toujours disposés à user de ce remède; et pendant son usage, il est des accidens qui surviennent, et des circonstances imprévues qui peuvent obliger de les suspendre et même de les abandonner tout-à-fait. C'est donc dans ces cas

qu'il faut consulter un médecin prudent, éclairé, et qui, à de grandes connoissances en médecine, joigne encore
une étude particulière de ces eaux sur
lesquelles il doit donner son avis. Il
est aussi des maladies et des tempéramens pour lesquels il est besoin de
préparations préliminaires, et qui dis-
posent les malades à prendre ces eaux
sans inconvéniens et avec plus de sucès.
Voici à cet égard quelques généra-
lités, sauf les exceptions et les cas
particuliers :

Il est à propos de préparer à l'usage
des eaux minérales les malades d'un
tempérament sanguin, sur - tout les
femmes, par la saignée du bras et les
boissons délayantes, telles que le petit
lait, etc., trois à quatre jours avant
de commencer les eaux ; s'il se ma-
nifeste des signes de pléthore sanguine
par la plénitude, la fréquence et la
dureté du pouls, par des pesanteurs
ou des inquiétudes dans le corps et

10 ,

dans les membres, par des douleurs
de tête, des oppressions, on fera une
autre saignée du bras. Le lendemain
de la saignée, on fera prendre un
purgatif doux; tel que deux onces et
demie ou trois onces de manne, dans
une infusion d'un gros de rhubarbe
et un gros de sel végétal.

On secondera ces secours de précaution par les bains domestiques pris
de temps en temps; par la sobriété
dans l'usage des alimens, et par la
prudence dans le choix. On donnera
la préférence sur tous les autres, aux
humectans et aux délayans; on se pri-
vera de ceux qui seroient en état
d'échauffer et d'irriter; comme les sa-
lures, les épiceries, les liqueurs échauf-
fantes et spiritueuses; on aura soin
de tenir le ventre libre par le moyen
des lavemens.

A l'occasion des bains et des lavemens, je crois devoir faire l'observation suivante, qui me paroît assez

intéressante, sur-tout pour notre pays :
Suivant ce que j'ai dit des eaux vives
ou de sources (*voyez la minéralogie*),
on sentira que, lorsqu'il est question de
relâcher, et que les bains sont conseillés, il faut que toute la masse d'eau qui
doit composer le bain ait été chauffée,
et non pas qu'on n'en fasse chauffer
fortement qu'une partie, pour, avec
de l'eau froide, la ramener à la température ordinaire d'un bain; ce que
l'on fait ordinairement.

De même et sur-tout l'eau pour les
lavemens doit avoir été chauffée en
totalité avant de s'en servir; il ne
faudroit jamais, comme on le fait
communément, la rendre tiède en
ajoutant de l'eau de fontaine froide,
même de rivière, par la raison que
l'eau de nos rivières conserve encore
de la crudité. Il faut attendre que l'eau
soit refroidie d'elle-même au degré convenable, ou ne se servir que de l'eau
qu'on auroit fait bouillir en avance.

Lorsque c'est la bile qui domine chez les malades, on cherche à lui donner plus de fluidité, pour que les eaux minérales puissent plus aisément en procurer l'évacuation. Les délayans sont conseillés, ainsi que les infusions amères et savonneuses faites avec la chicorée sauvage, le pissenlit, la bardane, la saponaire, etc. On rend ces infusions laxatives et fondantes, en y mettant un gros de sel végétal ou de terre foliée du tartre, par chaque pinte. Deux ou trois jours avant de commencer les eaux, on se purge avec une médecine ordinaire, dans laquelle on fait entrer la rhubarbe et les tamarins.

Les bains domestiques pris tous les jours, ou de deux jours l'un, rendront cette préparation aux eaux minérales bien plus utile et plus efficace que si elle n'étoit pas secondée par leur usage : si le pouls est dur, plein, embarrassé, on fera précéder d'une sai-

gnée la dernière purgation. Pendant
tout le temps, on aura soin de tenir le
ventre libre par le moyen des lavemens émolliens; le même régime de
vie, indiqué pour les tempéramens san-
guins, convient également aux bilieux.

Pour préparer les malades d'un
tempérament pituiteux à l'usage des
eaux minérales, il faut chercher à
diviser la lymphe épaissie, à en dimi-
nuer le volume, et à soutenir le ton
de l'estomac. On se purgera en lavage
et au moyen d'une tisane royale composée d'une once et demie de tamarins,
de quatre gros de séné mondé, six
gros de sel d'epsom, un gros d'agaric,
un gros de rhubarbe, autant de graine
d'anis et de coriandre : cette tisane
purgative se prend en deux matinées.
Les trois jours qui précéderont le
commencement des eaux, on prendra
le soir, en se couchant, un demi-gros
de thériaque.

Le régime de vie des malades d'un

tempérament pituiteux doit être moins humectant que celui qui se trouve indiqué pour les malades d'un tempérament sanguin et bilieux; ils doivent user de la même sobriété, éviter les excès, et faire sur-tout beaucoup d'exercice.

Indépendamment de ces préparations nécessaires et applicables aux différens tempéramens, avant de passer à l'usage des eaux minérales, il est des maladies qui exigent des précautions particulières : tout ce qu'on pourroit dire seroit très vague et d'une application dangereuse; c'est au médecin auquel il faut avoir recours. Une observation qui convient dans les incommodités et les maladies de toutes les espèces, c'est d'avoir toujours égard aux organes de la digestion et aux dérangemens qui leur sont propres; il est très essentiel de ne pas les perdre de vue, en se préparant à l'usage des eaux minérales.

Lorsque les malades sont affectés de symptômes qui dépendent de l'estomac, tels que les nausées et le vomissement; lorsqu'ils ont la langue chargée, un mauvais goût à la bouche; qu'ils ressentent des aigreurs, de l'amertume, etc., il faut sans hésiter donner un vomitif ménagé avec les précautions ordinaires, et se purger le surlendemain avec la manne et la rhubarbe. On doit aussi, pendant ces différentes préparations à l'usage des eaux minérales, avoir soin de tenir le ventre libre par le moyen des lavemens émolliens.

Comme on abuse de tout, même des meilleures choses, et que beaucoup de personnes sont minutieuses, lorsqu'il s'agit de faire des remèdes, on doit dire aussi qu'il est beaucoup de cas où l'on peut et l'on doit même se dispenser de ces longues préparations, avant de commencer à prendre les eaux minérales; quelques jours d'une vie plus régulière et d'un régime plus exact, et une purgation suffisent ordinairement : cette dernière même n'est pas nécessaire quand l'estomac d'ailleurs est bon et fait bien ses fonctions. On se contente de mettre dans le premier verre d'eau minérale deux ou trois gros de sel d'epsom, et on est ordinairement suffisamment purgé. Lorsque les eaux passent bien, et qu'on ne les prend que pendant une douzaine de jours, on ne se purge pas davantage; mais, quand on doit les prendre vingt ou vingt-quatre jours, on les interrompt après le douzième jour, pour prendre un purgatif doux.

Pendant l'usage des eaux, si les malades ont l'estomac dérangé ; s'ils se sentent le corps lourd, les membres lâches ou pesans; s'ils ont la tête embarrassée ; si la couleur naturelle de leur teint a changé ; si la peau est jaune ou bilieuse, ils doivent suspendre les eaux pendant trois ou quatre jours, pour prendre un purgatif, tel que la tisane royale dont on a parlé plus haut.

Ces eaux resserrent certains tempéramens ; d'autres au contraire éprouvent des évacuations considérables ; mais il est à remarquer que ces évacuations ne fatiguent ni n'affoiblissent, comme le font celles produites par l'effet d'une médecine. Il faut prévenir les malades que, s'ils remarquent que leurs excrémens sont noirs, c'est l'effet ordinaire que produisent les eaux; il est dû au fer qu'elles contiennent. Les personnes qu'elles constipent ont coutume de mettre, à quelques jours de distance, deux gros de sel d'epsom dans le premier verre d'eau minérale; il faut quelquefois y joindre une once et demie de manne : il seroit mieux sans doute pour ces personnes de prendre ces purgatifs dans un verre d'eau commune, et de ne commencer à boire des eaux minérales qu'une demi-heure après. C'est ici où les la-

yemens, le soir, deviennent particulièrement nécessaires : on les fait avec
les plantes émollientes et la graine de
lin, et, s'il le faut, on y fait entrer
la casse.

On est dans l'usage de manger du
pain d'épices en buvant les eaux, dans
l'intention de lâcher le ventre; mais il
faut observer que le pain d'épices est
un mélange de miel commun et de
farine de seigle. Cette composition, se
délayant dans l'estomac, doit émousser
l'action des eaux minérales et contrarier leurs effets; elle se résout en une
masse indigeste, et laisse une mucosité
qui souvent est le vice de l'estomac
qu'on se proposoit de détruire en prenant les eaux.

On ne doit rien manger en prenant
les eaux. Il n'y auroit pas cependant
d'inconvéniens de mâcher, comme on
le pratiquoit du temps de P. Legivre,
quelques anis de Verdun; ils peuvent
soutenir le ton de l'estomac, et fa-

ciliter la sortie des vents que ces eaux occasionnent quelquefois. Mais ce qu'on pourroit plutôt recommander aux personnes qui en prenant ces eaux sentent quelques dégoûts et une sorte de plénitude, c'est de faire usage de quelques cuillerées de conserve de roses liquide; elle conviendroit aussi à tous les preneurs d'eaux, même à ceux chez qui elles passent le mieux, parce que, hâtant la digestion des eaux, elle préviendroit les accidens que peuvent occasionner quelques imprudences ou négligences dans le régime. Ce médicament, le seul qui s'accorde parfaitement avec nos eaux, n'a rien de répugnant; quand il est bien préparé, il laisse dans la bouche une amertume agréable.

Quelques personnes disent que nos eaux minérales, à cause du fer qu'elles contiennent, gâtent les dents. J'ai vu des femmes, pour cette raison, avoir la foiblesse de se priver de ce remède salutaire. Je les y ai ramenées, en leur conseillant d'essuyer leurs dents, après chaque verre d'eau, avec de la mie de pain tendre, et même de la mâcher.

Les urines doivent couler aisément, et en assez grande abondance : on ne rend pas toujours par cette voie la quantité d'eau que l'on a prise, parce qu'il s'en dissipe par les sueurs et qu'il en passe par les garde-robes. Quelquefois on en rend peu le jour, et beaucoup la nuit ; ce retard, loin d'être regardé comme un mal, est une marque certaine que les eaux ont parcouru toute l'économie animale. Lorsqu'elles ne sont pas assez abondantes et qu'elles s'éloignent trop de la quantité d'eau qu'on a prise, il faut chercher à les provoquer et à en rétablir l'écoulement : on se trouve bien de mettre dans le premier verre des eaux un gros de sel de nitre. L'exercice du cheval produit aussi un

bon effet. Si ces moyens ne suffisoient
pas, il faudroit discontinuer les eaux
et se purger.

Il est aussi d'usage de se purger
après avoir cessé de prendre les eaux;
mais ce qu'il est important de ne pas
perdre de vue dans aucun temps,
c'est de n'employer jamais de purgatifs puissans. Ces remèdes irritent
les membranes du canal intestinal;
l'irritation se communique à tout le
système des nerfs et à celui des vaisseaux; l'effet des eaux non-seulement
est suspendu, mais il peut en arriver
des accidens dangereux. Une observation non moins essentielle, c'est de
ne pas en conseiller l'usage lorsqu'il y
a encore chez les malades éréthisme,
chaleur dans le sang, et disposition
prochaine à l'inflammation : les eaux,
dans ces cas, ne pourroient qu'empirer
l'état des malades.

Il ne faut pas croire qu'après avoir
cessé de prendre les eaux minérales,

on peut reprendre de suite son genre de vie ordinaire; les principes minéraux, mêlés avec la masse des fluides, circulent long-temps avec eux; ce n'est même souvent que quelques temps après en avoir cessé l'usage qu'on en ressent les meilleurs effets. Il est donc prudent de continuer pendant un mois de vivre de régime, et de ne faire d'excès en aucun genre.

Lorsqu'il est question de détruire les causes d'une maladie rebelle, chronique, et qui s'est formée lentement, il faut prendre les eaux aux deux saisons; il est nécessaire quelquefois de les prendre plusieurs années de suite. Elles ne guérissent pas toujours parfaitement; mais lorsque les remèdes ordinaires n'ont produit aucuns bons effets, et que les malades voient leur santé dépérir, il est encore heureux pour eux de trouver dans nos eaux, sinon une guérison radicale, au moins un remède qui leur procure de grands

soulagemens, et les rétablit dans un
état supportable et voisin de la santé.

Ces eaux ont sans doute plus de
qualités étant prises sur la fontaine,
que transportées; suivant cet adage :
Dulcius ex ipso fonte bibuntur aquæ.
La fraîcheur qu'elles ont en sortant
du puits peut entrer aussi pour quelque chose dans la vertu tonique de ces
eaux; mais il est des malades qui ne
peuvent se transporter sur la fontaine,
et d'autres dont la fibre délicate et irritable ne peut supporter aucun degré
de froid. Les premiers doivent faire
porter chez eux ces eaux dans des
bouteilles bien bouchées, et les boire
de suite lorsqu'elles arrivent. Il seroit
mieux de les faire apporter dans des
demi-bouteilles; car, la bouteille une
fois débouchée, ces eaux commencent
à se décomposer, et pour peu qu'on
mette d'intervalle entre chaque verre,
ce qui est cependant nécessaire, le
dernier se prend trouble, et n'a plus

que peu de propriétés. A l'égard de
ceux qui ne peuvent les boire froides,
il faut faire mettre ces eaux de même
dans des demi-bouteilles, et les boucher exactement pour le temps du
transport; on les place successivement
et avec beaucoup de précaution dans
un bain-marie légèrement échauffé.
Cette manière est préférable à l'usage
que l'on a de mettre ces eaux au bain-
marie dans des gobelets à découvert.
Il faut ne pas perdre de vue que la
chaleur leur fait perdre plus ou moins
de leurs vertus, et que la température
froide, naturelle à ces eaux, ajoute à
leur énergie.

Il est difficile de transporter ces eaux
hors du pays, sans qu'elles éprouvent
d'altération. Les envois s'en font ordinairement dans des bouteilles de grès
qui tiennent dix ou douze pintes, ou
dans des barils. Il faudroit choisir
d'abord des heures et des temps convenables pour emplir ces bouteilles

ou barils, boucher de suite les bouteilles avec des bouchons qui les fer-
meroient exactement , et même les
assujétir avec une ficelle, ou mieux
les goudronner. Pour les barils, s'ils
sont neufs, comme le bois en est de
chêne, et qu'il contient une matière
astringente analogue à la noix de galle,
l'eau minérale mise de suite dans ces
barils prendroit une nuance violette
plus ou moins foncée ; il faut donc
d'abord échauder ces barils avec de
l'eau commune, puis y faire séjourner
quelques temps une quantité d'eau
minérale que l'on rejette après l'avoir
bien agitée dans le baril. On peut
ensuite le remplir d'eau minérale pour
l'envoi ; mais on doit se hâter et fermer
de suite l'ouverture par un bondon
qui bouche très exactement. Lorsque
ces eaux sont arrivées à leur desti-
nation, il faut les distribuer dans des
bouteilles de verre et les boucher avec
soin. Il est probable que le temps que

toutes ces opérations exigent est plus
que suffisant pour décomposer ces
eaux, au moins en grande partie. Le
moyen qui présenteroit le moins d'inconvéniens, ce seroit de transporter
ces eaux dans des bouteilles de pinte
bien fermées.

Un avantage précieux que nous
possédons exclusivement à toutes les
autres eaux de sources minérales, et
qui peut suppléer aux envois embar-
rassans et peu fidèles des eaux, c'est
la facilité de pouvoir ramasser sur les
pyrites que nos eaux lavent, les sels
qui leur donnent leurs propriétés et
leurs vertus médicinales. L'art n'entre
pour rien dans la production de ces
sels ; la nature fait tout le travail.
(*Voyez la minéralogie, article* Pyrite,
et le journal de physique, août 1777.)

Qu'on me permette une réflexion
que m'a fait naître le désir d'être
utile, et que j'abandonne aux gens
de l'art. Il y a des eaux minérales

dont les marcs et les boues sont employés en médecine. Les marcs sont
les dépôts que les eaux laissent dans
leur bassin; ils sont ici en trop petite
quantité pour qu'on en fasse usage.
Les boues sont des terres humides,
fangeuses, que l'on trouve autour des
sources minérales. On ramollit ces
boues, s'il est besoin, en y mêlant une
quantité d'eau minérale; on y plonge
le corps des malades, ou simplement
quelques-uns de leurs membres. Par la
description que j'ai donnée, d'après
P. Legivre, du terrain où se trouve
la fontaine de Provins, on a vu qu'il
y a un grand espace où en quelqu'endroit que l'on fouille, on trouve une
terre grasse au toucher, de diverses
couleurs, et humectée par des filets
d'eau minérale; elle paroit mêlée avec
des dépôts d'eau minérale dans l'état
d'eau-mère, et peut-être avec de la
pyrite extrêmement divisée. On ne
peut pas sans doute en tirer autant

d'avantages que des boues des eaux sulfureuses; mais je pense que cette terre, qu'on rendroit plus liquide en la délayant avec de l'eau de la fontaine minérale, seroit un puissant résolutif qu'on pourroit employer chaud ou froid en topique, pour donner du ton aux membres relâchés, et du ressort à la fibre dans les hernies commençantes et après leur réduction; dans les luxations, les entorses, les enflures œdémateuses, etc.

C'est encore le désir de rendre nos eaux d'une utilité plus générale, qui me fait ajouter les réflexions suivantes : Jusqu'ici j'ai cherché et indiqué tous les moyens qui pouvoient nous donner ces eaux dans le meilleur état, et pourvues de leur plus haut degré d'énergie; mais cette grande efficacité ne pourroit-elle pas être préjudiciable à quelques malades, et empêcher l'application de ces eaux dans quelques cas? On remarque effectivement quel-

quefois que certaines personnes, pour
les maladies desquelles les eaux sont
parfaitement indiquées, en sont incom-
modées, et qu'elles sont même obli-
gées d'en abandonner l'usage. Ces
eaux passent difficilement; elles leur
causent une fatigue universelle, des
douleurs vagues, et particulièrement
dans la région de l'estomac et du
canal intestinal. Ces accidens ne dépendent pas de ce que ces malades
ne sont pas suffisamment préparés,
mais de la nature des eaux. On sait
aussi qu'elles contiennent un fluide
gazeux qui leur sert de véhicule, et
leur donne de grandes propriétés ;
mais ce principe volatif, aériforme et
légèrement acide, se porte souvent
à la tête et donne lieu à des étourdissemens. Il peut en outre, dans certains sujets, agir sur les nerfs, y causer
quelqu'agacement; enfin, troubler les
fonctions animales. C'est probablement ce qui arrive à ces malades qui

sont obligés d'abandonner ces eaux,
quoiqu'elles soient très propres à leur
maladie. Il seroit donc possible que
ces eaux n'eussent plus d'inconvéniens
et n'incommodassent plus ces malades,
si on leur laissoit, par le repos, perdre
leur qualité vaporeuse : il est vrai
qu'elles n'auroient plus autant de vertus ; mais il pourroit leur en rester
assez pour opérer de salutaires effets :
on seroit seulement obligé de les
prendre plus long-temps, et les boire
un peu troubles.

Ces eaux, même après leur entière
décomposition, ne sont pas pour cela
dépouillées de toutes propriétés. Je
sais que, transportées et arrivées entièrement décomposées, elles ont produit quelques bons effets. On avoit soin,
avant de les boire, de les agiter pour
leur mêler le dépôt qu'elles avoient
fait ; ce dépôt agissoit alors comme
une terre martiale : c'étoit encore un
safran de mars très divisé et très

soluble qui pouvoit opérer quelque bien.

Le *maximum* de l'efficacité de ces eaux, c'est donc quand elles sortent immédiatement de la source, et elles en ont le moins lorsqu'elles sont entièrement décomposées et qu'elles ont déposé toute leur terre martiale. Mais entre ces deux extrêmes, il y a des points intermédiaires, et le talent seroit de saisir celui qui convient à tel malade que les eaux fatiguent, lorsqu'elles sont dans toute leur force. Il est vrai qu'on pourroit commencer de les boire plutôt trop affoiblies, sauf par gradation à les prendre plus fortes. Beaucoup de malades aussi, qui se sont très bien trouvés des eaux, n'ont pas laissé les premiers jours que d'en être fort incommodés. D'autres, après quelques jours de leur usage, éprouvent des étourdissemens, des lassitudes, et même des douleurs qui les obligent de suspendre ces eaux;

ce ne peut-être, dans ces cas, que la
raréfaction de leur fluide élastique qui,
pressant sur les parties organiques, en
trouble les fonctions, et cause quelques désordres dans leur mouvement
oscillatoire. Il seroit donc utile de
conseiller à certains malades de commencer, pendant trois ou quatre jours,
par prendre ces eaux dépouillées, par
le repos, de la partie la plus active de
leur gaz, et à d'autres, de se remettre
aussi pour quelques jours à ces mêmes
eaux attendues et rendues plus foibles.
On sent bien qu'on n'atteindroit pas le
même but en se contentant de prendre
moins de ces eaux; car, quoiqu'en
moindre quantité, on auroit toujours
à craindre les effets du développement
du gaz.

Par ce que je viens de dire, on
voit que nos eaux seroient applicables dans tous les cas, et qu'il seroit
possible d'en gouverner les effets à
volonté, avec assez de précision, et

de les soumettre au calcul; car, sa-
chant combien il leur faut de minutes
pour se décomposer entièrement, on
pourra, avec un peu d'habitude, connoître le degré où tel malade devra
commencer à les prendre; et si c'est,
par exemple, douze minutes après
qu'elles ont été tirées de la source,
le lendemain ou le surlendemain on
les lui fera boire après un repos seulement de dix minutes, et, par gradation, on tâchera de l'amener à les
prendre sortant immédiatement de la
source.

Nous avons dit qu'on avoit reconnu
quelques propriétés au dépôt des eaux
minérales transportées. Il est probable
qu'on retireroit plus d'utilité de celui
formé dans les eaux fraîchement puisées : on pourroit, après l'avoir séparé
de suite par le moyen du filtre, l'ad-
ministrer sous forme d'opiate incor-
poré avec la conserve de roses, ou
simplement délayé dans un peu d'eau.

12 .

Il conviendroit aux malades dont l'estomac ne peut supporter le volume d'eau qui seroit nécessaire à leur guérison. Dans certains cas il suppléeroit aux eaux; dans d'autres, on le feroit prendre concurremment avec elles, pour augmenter d'autant leur qualité ferrugineuse. J'ai vu des personnes qui, ayant pris le matin les eaux, se trouvoient bien de boire dans la journée et même aux repas ces eaux décomposées et mêlées avec leur marc; mais ces tentatives ne doivent être faites que d'après les conseils d'un homme instruit et prudent, et qui auroit bien étudié ces eaux.

Ces remarques ne seront pas sans intérêt pour ceux qui voudront connoître tous les secours que les malades peuvent attendre de nos eaux. Il reste encore sans doute d'autres observations que la pratique et l'expérience donneront occasion de faire. On aura aussi à se rendre compte de

quelques effets dont on n'a pas cherché
les causes, et qu'il seroit pourtant très
important de connoître : par exemple,
pourquoi ces eaux occasionnent-elles
tantôt de grandes évacuations, et tantôt
une constipation quelquefois également
incommode aux malades ? Ces deux
états viennent-ils de la constitution du
sujet ou de la nature de la maladie?
et comme ces eaux produisent toujours
plus ou moins ces deux effets, quel
est celui qui est le pronostic le plus
favorable, et donne plus l'espoir de la
guérison? Je sais que ces questions,
et d'autres qu'on pourroit faire encore,
n'embarrasseront guère ceux qui ont
toujours des réponses prêtes ; mais
j'en appelle à la longue pratique d'un
médecin éclairé. Dans un art aussi difficile, aussi conjectural que celui de
la médecine, c'est toujours le doute
et la méditation qui doivent amener
les solutions et frayer le chemin qui
conduit à la vérité.

Il est pénible, lorsqu'on connoît toute l'efficacité des eaux de Provins, l'étendue de leurs propriétés, et tout le parti que la médecine peut en tirer, de voir qu'elles sont négligées et pas assez souvent employées, même par les malades qui sont sur les lieux. Faut-il s'en prendre au peu de soin que l'on a eu jusqu'ici de ces eaux? est-ce la faute des officiers de santé ou des malades eux-mêmes? peut-être est-ce celle des uns et des autres. C'est un remède trop simple que la nature nous offre libéralement, qu'on a sous la main, que tout le monde connoît, et qu'on se procure sans frais : voilà sans doute tous les torts de ce remède, les reproches qu'on peut lui faire, et ce qui en éloigne beaucoup de malades.

Il paroîtra bien étonnant aussi que, depuis plus de cent cinquante ans qu'on fait usage de ces eaux, P. Legivre soit le seul des officiers de santé

qui sont venus après lui, qui ait laissé des observations importantes sur les maladies auxquelles elles sont propres : on peut même dire qu'on est resté en arrière de ce médecin, et que les tentatives heureuses qu'il avoit faites ont été perdues pour nous. On n'oseroit aujourd'hui conseiller ces eaux dans des douleurs de coliques, et dans les chaleurs d'entrailles; on se donneroit bien de garde de les faire prendre pour un rhume, ou pour une affection de poitrine, quelle qu'elle soit : cependant P. Legivre cite des malades guéris, par ces eaux, de coliques et de douleurs violentes. « Je les ai expéri-
» mentées moi-même, dit-il, pour des
» chaleurs que je souffrois, si grandes
» aux hypocondres, qu'il me sembloit
» rendre le feu par la bouche.... J'ai
» bu plusieurs fois de ces eaux, ayant
» actuellement de la toux et du rhume;
» et lorsque j'en bois, il m'en sur-
» vient souvent, y étant fort sujet

» depuis mon enfance ; mais en les
» continuant mon rhume se passe ;
» ce qui n'arrive pas à moi seul, mais
» à plusieurs autres malades auxquels
» je conseille d'user des mêmes eaux,
» ayant aussi du rhume et de la toux,
» parce que je reconnois que l'intem-
» périe chaude de leurs viscères est
» la vraie cause de leur mal, laquelle
» étant tempérée par cette boisson
» *rafraîchissante*, leur incommodité
» cesse aussitôt ». Ce qu'il dit ailleurs
mérite aussi d'être rapporté. « En
» l'année 1654 il me survint un grand
» rhume qui procédoit de la chaleur
» de mes entrailles, laquelle s'alluma
» si fort, qu'elle se communiqua aux
» poumons ; ce qui me causoit une
» fièvre lente qui me desséchoit peu
» à peu, me donnoit une ardeur sen-
» sible dans les poumons, m'excitoit
» une toux importune, et me fit ap-
» préhender de devenir pulmonique.
» Les remèdes ordinaires ne me gué-

» rissant pas, j'usai de nos eaux à la
» fin de juillet, l'espace de trente jours,
» et elles chassèrent mon rhume, ma
» fièvre lente et les chaleurs excessives
» qui m'avoient tourmenté; je repris
» mon embonpoint.... » Sans doute
ce n'est qu'avec beaucoup de circonspection qu'on pourra revenir à user
de ces eaux dans les cas ci-dessus;
mais un praticien prudent et éclairé
en saura faire des applications heureuses.

Les eaux aussi ne se prennent plus
que dans deux saisons, tel besoin qu'en
aient les malades. Chaque saison est de
six semaines; ainsi on est neuf mois
de l'année sans en faire usage. Cependant nous avons vu que P. Legivre en
buvoit lui-même et en faisoit prendre
avec le plus grand succès dans les
fortes gelées, comme dans les plus
grandes chaleurs; c'est donc par suite
de préjugés peu réfléchis qu'on les défend dans le milieu de l'été.

13

Comme elles purgent abondamment
le plus grand nombre des malades, on
les a rangées mal-à-propos dans la classe
des purgatifs ordinaires qui, dans les
grandes chaleurs, fatiguent beaucoup,
font peu de bien et nuisent quelquefois. Mais les évacuations copieuses
que procurent ces eaux ne sont suivies d'aucun inconvénient ; elles ne
donnent point de tranchées, et n'incommodent pas; elles fortifient au lieu
d'affoiblir. On a donc lieu de regretter
qu'on ait borné à un si court espace le
temps où l'on peut prendre ces eaux
salutaires, et qu'on ne les applique
plus dans des cas graves et urgens où
elles faisoient de si grands effets, et
dans les maladies du poumon dont
beaucoup de personnes de cette ville
ont été les tristes victimes.

Mais ce qui doit encore affliger un
ami de l'humanité souffrante, c'est
l'oubli total où tombe un médicament
précieux, particulier à la ville de Pro-

vins, dont les étrangers faisoient tant
de cas, et dont les propriétés ont tant
de rapports avec celles de nos eaux
minérales; je veux parler de nos conserves de roses liquides. Ce médicament est un simple mélange de sucre
et de roses fraîchement cueillies et
broyées ensemble à froid. (*Voyez la
minéralogie, et dans les journaux
de physique, ma dissertation sur ces
roses.*) Il demande de la part de l'artiste beaucoup de soins pour sa préparation et pour sa conservation; car il
est sujet à s'altérer à la garde. Comme
j'ai préparé ce remède en grand pendant beaucoup d'années, et que j'ai
entretenu des relations suivies avec les
médecins qui le conseilloient, et les
malades qui en faisoient usage, j'ai eu
lieu d'en connoître les bons effets
dans beaucoup de maladies, même dé-
sespérées, particulièrement dans celles
provenant de l'estomac et de la poitrine, dans les suppurations internes,

13.

les relâchemens de toute espèce, etc.
(*Voyez ci-après, page* 159.)

Ce médicament s'emploie heureusement, et c'est le seul stomachique dont on devroit user, en prenant les eaux minérales. Sans être échauffant, il soutient les forces de l'estomac que le volume d'eau fatigue quelquefois au point qu'on ne peut en prendre assez pour en ressentir de bons effets; il prévient des indigestions si fâcheuses en prenant les eaux, et c'est le meilleur remède pour les terminer. Il se prend à la dose d'une cuillerée à bouche, avant et après le repas; il se marie très bien avec les eaux, et lorsqu'on craint qu'elles ne passent pas bien, on peut en prendre, comme je l'ai dit, après quelques verres d'eau; mais il faut, je le repète, que ce remède soit bien préparé, bien conservé, et qu'on n'y ait pas fait entrer quelques acides, dans le dessein d'en relever la couleur.

Ces deux remèdes, nos eaux miné-

rales et nos conserves, sont encore
très précieux, comme les préservatifs,
ainsi que je l'ai observé dans la minéralogie, des maladies qui peuvent
être la suite des inondations qui quelquefois ont lieu dans cette ville. Je
crois aussi leur usage très salutaire ici,
dans tous les temps, comme remèdes
de précaution, sur - tout pendant le
règne des fièvres humorales qui re-
connoissent pour causes le relâchement des fibres et la stagnation des
liqueurs; maladies que nous éprouvons
le plus ordinairement. Les eaux minérales peuvent alors se prendre en
moindre dose, et ce pourroit être
aussi le cas de leur laisser perdre un
peu de leur gaz, et de ne les boire
que quand elles commencent à se
troubler.

Peut-être une suite continuelle de
troubles politiques et de mouvemens
révolutionnaires est-elle la principale
cause qui a nui à l'usage de ces re-

mèdes, et particulièrement de nos
eaux minérales. On sait que les agi-
tations de l'esprit, les inquiétudes de
toutes espèces, les affections doulou-
reuses de l'ame sont des dispositions
fâcheuses qui ne permettent pas d'user
avec fruit de ce remède, avec lequel
les malades doivent jouir du calme
et de la sécurité, des communications
sociales et des douceurs d'une vie
tranquille et agréable. Espérons donc
que les temps redevenus plus heureux
ramèneront ce concours de malades
étrangers qui se voyoient anciennement ici, et cette préférence qu'on
donnoit à nos roses et aux préparations qu'on en faisoit anciennement
dans ce pays; que les officiers de
santé réuniront à l'envi les talens qui
les distinguent et la bonne volonté
qu'on leur connoît, pour faire tourner
au profit de l'humanité et à l'avantage
de leurs concitoyens les dons rares et
précieux que la nature a faits à la

ville de Provins; enfin que nos magistrats donneront une nouvelle preuve
de leur zèle éclairé, en cherchant à
rendre nos eaux plus salubres, et à
procurer aux malades plus de facilité
pour les prendre.

P. S. En parlant du gaz des eaux de Provins
(*voyez page* 17), j'ai dit que je rapporterois
à la fin de ce traité la raison vraisemblable pour
laquelle elles paroissent aujourd'hui moins gazeuses. Ce n'est pas qu'elles ne puissent casser
les bouteilles que l'on boucheroit brusquement,
mais ces effets semblent moins sensibles que du
temps de P. Legivre. Il nous dit qu'on puisoit

l'eau aux sources mêmes avec des gobelets. Depuis qu'on a réuni ces sources dans un puits qui contient neuf à dix pieds d'eau en élévation, il ne seroit pas étonnant qu'une partie du gaz ne s'en dégageât ou perdît de son action; ce qui ne seroit pas un inconvénient, car ce gaz, quoique léger, fatigue certains malades.

~~~~~~~~~~~~~~~~~~~~~~~~~~~~~~~~~~~~~

POST-SCRIPTUM.

Observation *très importante qui doit être reportée après le rapport de MM. les Commissaires.*

Ces Messieurs disent, page 54 : « La noix » de galle produit dans l'eau de Provins un » précipité floconneux de couleur purpurine ».

Ce n'est point ainsi que se comporte l'eau minérale de Provins, examinée sur les lieux. Avec la noix de galle elle ne prend pas et ne conserve pas une couleur purpurine, mais elle prend à l'instant une couleur pourpre foncée, et de suite et sans intervalle elle devient très intense; alors l'eau est très opaque et ressemble à de l'encre : c'est ce qui est connu de tous ceux qui fréquentent nos eaux. Cette expérience se fait journellement.

Voici ce que disent encore ces Messieurs, dans la note à la même page 54 : « Le fer » dissout dans l'acide sulfurique formant, avec » la noix de galle, un précipité *bleu* plus ou

» moins foncé, et celui qui est dans l'eau mi-
» nérale de Provins, en donnant un de couleur
» purpurine, il ne paroît pas y être dissout
» par l'acide sulfurique... ».

Si, comme le disent ces Messieurs, le sulfate
de fer forme, avec la noix de galle, un précipité
bleu, le sulfate de nos pyrites diffère donc de
celui des laboratoires, comme je l'ai dit plusieurs
fois, car le précipité qu'il occasionne avec la
noix de galle est brun.

J'ai formé une eau minérale factice avec trois
grains de sulfate de la pyrite, dans une pinte
d'eau de fontaine, et j'ai puisé en même temps
une pinte d'eau minérale. Dans ces deux eaux
j'ai mis de la noix de galle. Toutes les deux se
sont comportées de même, ensorte qu'il étoit
difficile de deviner laquelle étoit l'eau factice
ou l'eau naturelle. Toutes les deux avoient une
couleur opaque et sembloient être de l'encre;
le précipité fut dans chacune d'un brun foncé.

Que diront ces Messieurs? nieront-ils l'expérience? je suis prêt à leur envoyer, et à
tous ceux qui m'en demanderont, du sulfate de
la pyrite en cristaux.

Que conclure de là? ce que j'ai répété souvent: qu'une analyse de nos eaux, faite à Paris,
n'en donne qu'une connoissance très imparfaite;
que le sulfate de fer de la pyrite diffère à

quelqu'égard de celui des laboratoires, et que nos eaux à leur source contiennent de ce sulfate.

~~~~~~ ~~~~~~

ODEUR *des eaux minérales de Provins* (*voyez page* 76).

J'ai long-temps cherché d'où provenoit cette légère odeur, et ce qui pouvoit y donner lieu. Je ne doute plus que je ne l'aie trouvé. Voici ce qui m'a mis sur la voie : Dans les analyses que j'ai faites de ces eaux j'ai toujours remarqué qu'elles laissoient dans les résidus un peu de matière grasse, comme l'ont trouvée MM. Vauquelin et Thenard (*voyez page* 57). P. Legivre nous dit que la terre dans laquelle filtrent les eaux minérales conserve, quoique exposée sur le feu, une consistance molle et comme huileuse. Les commissaires de l'académie, en 1670, observent aussi que parmi les dépôts des eaux de Provins, que l'évaporation laisse circulairement autour des vaisseaux, celui qui est à la partie supérieure ne se dessèche pas entièrement.

D'où peut venir cette matière huileuse? Le règne minéral n'en donne pas proprement. On rapporte celle qu'on y trouve à des substances

végétales et animales enfouies depuis long-
temps. Elle prend le nom de bitume, et l'odeur
en est quelquefois très forte, quand la masse est
considérable. Nos eaux contiennent donc une
petite quantité de bitume, et M. Vauquelin,
dans une première analyse qu'il a faite d'une
bouteille de nos eaux , dit positivement qu'il y
a trouvé une matière bitumineuse. Voici à quoi
on doit la rapporter :

J'ai dit dans la minéralogie de Provins qu'on
avoit, il y a quelques années, trouvé, en creusant le canal de cette ville, un lit considérable
de terre noire houilleuse, dont on avoit même fait
usage comme combustible. L'odeur que répandit
cette quantité de terre, rejetée sur les bords, étoit
si forte qu'elle incommodoit. On lui a même
attribué en partie l'épidémie qui régna alors.

Lorsqu'on creuse dans la ville basse pour
établir des fondations , on trouve dans plusieurs endroits une terre bleuâtre et odorante,
laquelle contient des pierres de même couleur.
J'ai ramassé dans quelques-unes de ces fouilles
des pierres tendres, grises, formées de couches
parallèles; frottées l'une contre l'autre , ces
pierres exhalent une odeur de bitume comme
celle que les minéralogistes appellent *Lapis
suillus*, pierre de porc, pierre bitumineuse.

On a vu que nos eaux sourdent dans une

terre noire. Assez près de ces sources, j'ai trouvé, à quelques pieds de profondeur, une couche de végétaux à demi décomposés, dans laquelle on remarquoit quelque peu de bleu de prusse natif.

On ne peut donc douter que nos eaux minérales ne contiennent une petite quantité de bitume, et c'est ce qui leur donne l'odeur qui leur est particulière, et cette portion de matière grasse que l'on trouve dans leur analyse. (Elle s'est dissoute dans l'alcohol, à la manière des bitumes, *voyez page* 57). Sans doute c'est aussi à ce bitume qu'on doit attribuer l'efficacité plus grande de ces eaux ; car P. Legivre, et, comme il le dit, plusieurs bons médecins de son temps, convenoient avec lui qu'elles avoient guéri des malades qui avoient fait usage sans succès d'eaux martiales les plus en réputation.

Pour se convaincre avec moi que la présence d'un peu de bitume ajoute aux vertus propres aux eaux ferrugineuses, il suffira de consulter le dictionnaire des sciences médicales, article *Bitume*. « Les bitumes, est-il dit, sont stimu- » lans comme les baumes, et ils ont aussi » comme eux une sorte d'action qui semble à » la fois tonique et sédative ; car ils calment les » douleurs et fortifient en même temps les parties affoiblies ».

Il faut observer que les bitumes agissent à

très petites doses, et que M. Vauquelin, dans l'analyse d'une seule pinte d'eau de Provins, a reconnu la présence du bitume.

Un inconvénient des bitumes et des matières balsamiques, c'est de ne pouvoir se diviser assez, et d'agir trop immédiatement et en masse sur les organes. Dans nos eaux, le bitume est parfaitement dissout par la nature ; l'action est extrêmement affoiblie, étant répandue également dans un grand volume d'eau ; ce n'est que la partie la plus tenue et la plus soluble, et ce qu'on appelle l'esprit recteur ou l'arôme.

Cette légère quantité de matière oléagineuse que contiennent nos eaux doit s'en séparer par le repos, et s'élever à la surface ; c'est sans doute elle qui rend plus épaisse cette forte pellicule irisée qui couvre nos eaux quand elles se décomposent.

Il me semble probable que c'est ce bitume, comme matière balsamique, qui rendroit les eaux de Provins convenables dans quelques affections de poitrine. Nous avons vu que, dans ces cas, P. Legivre les conseilloit, et en usoit pour lui-même avec le plus grand succès.

Les eaux minérales de Provins, à raison d'une portion d'un bitume qu'elles tiennent en dissolution dans leurs sources, se distinguent donc des eaux minérales ferrugineuses connues.

Elles formeroient une classe à part, qui prendroit le nom d'eaux martiales légèrement bi-
tumineuses.

~~~~~~~~~~~

ROSES DE PROVINS,

*A l'occasion de ce que M. PARMENTIER a
imprimé contre ces roses, dans les annales
de chimie.*

LA supériorité des roses rouges de Provins (1)
sur les mêmes roses que l'on cultive près de
Paris et ailleurs, n'a jamais été contestée. Leur
renommée, qui date de plusieurs siècles, n'est
pas de celles que le temps et l'habitude sanc-
tionnent et propagent sans preuves, ou qui ne
sont appuyées que sur des autorités équivoques,
qu'on peut révoquer en doute, et qui s'éva-
nouissent après un examen un peu sévère.

La préférence qu'on doit aux roses que produisent les terres qui entourent Provins, est
non–seulement prouvée par leurs vertus médicales anciennement connues, mais elle se démontre par des propriétés chimiques. Je ne
citerai pas le travail que j'ai fait pour m'en
assurer, mais je dirai que M. le chevalier

_____

(1) Dont nous avons recommandé la conserve en
prenant nos eaux.

Cadet-de-Gassicourt, qui jouit à Paris de la réputation méritée d'un chimiste distingué, a fait l'analyse comparée de nos roses et de celles de Paris. Les produits ont été différens; ils sont tous à l'avantage des roses de Provins, et expliquent le haut degré de propriétés qui les distinguent. Il est sans doute étonnant que le même végétal, transporté et croissant à la simple distance de vingt lieues, présente des différences aussi marquées dans les produits chimiques.

Cependant M. Parmentier a fait imprimer, il y a quelques années, dans les annales de chimie, une sorte de diatribe contre nos roses, où il s'efforce de leur ôter la préférence dont elles ont toujours joui. Il fait une critique aussi amère que maladroite de Pomet qui, dans son histoire des drogues, laquelle a paru il y a plus de deux cents ans, en fait le plus grand éloge. Pomet recommande de se bien garder de substituer les roses de Paris à celles de Provins; il dit que ces dernières étoient si estimées aux Grandes - Indes que quelquefois on les achetoit au poids de l'or. M. Parmentier au contraire rabaisse à plaisir nos roses, même au-dessous des roses rouges de Paris.

Je me plaignis à ce savant d'un procédé aussi étrange. Par sa réponse amicale, que je conserve, il cherche à s'excuser. On voit qu'il a été excité

par le ministre de l'intérieur, et que c'étoit
un ouvrage de commande : reste à savoir comment le respectable Parmentier a pu se prêter,
contre toute vérité, aux vues d'un ministre
qui étoit dans l'erreur, comme je puis le faire
voir.

On sent bien que je n'eus pas de peine à
prouver, dans la réfutation que je fis de l'écrit
de M. Parmentier, combien ses allégations
contre nos roses étoient injustes. J'y joignis
l'analyse de M. Cadet, qui m'a autorisé à en
faire usage (1), et j'explique le mal-entendu
qui avoit indisposé le ministre contre nos roses.
J'adressai mon travail aux rédacteurs des annales de chimie ; mais, comme M. Parmentier
étoit un des rédacteurs, on refusa contre toute
justice d'insérer ma réfutation, quoiqu'exprimée
en termes décens et modérés.

L'intérêt de la ville de Provins, celui de la
vérité et de l'humanité souffrante, me font un
devoir de la rendre publique par la voie de
l'impression : mais qu'est - ce que quelques
feuilles volantes contre les annales de chimie,

---

(1) M. Parmentier cite aussi une analyse qu'il dit
avoir fait faire : mais on voit dans ma réfutation
qu'elle ne mérite aucune confiance, et qu'il est pro
bable qu'elle n'a pas été faite.

14

répandues par toute l'Europe savante? Nos
roses se trouveront à jamais entachées. L'estime
générale dont jouit la mémoire de M. Parmentier, et les annales de chimie, déposeront toujours contre nos roses; ma juste réclamation sera
inutile, et ma foible voix ne sera pas entendue.

J'ai dit, *page* 125, que la conserve liquide
de nos roses convenoit très bien pour soutenir
les forces de l'estomac, et hâter la digestion
des eaux, et qu'il étoit convenable d'en faire
usage en les prenant. Ce médicament, sous forme
délectuaire, présente quelqu'embarras, et peut
s'altérer après un certain temps. Je conseille
donc, quoique moins préférable, l'usage de nos
roses sous la forme de pastilles, et incorporées
avec le sucre et la gomme adragante : par
exemple, une partie de roses en poudre sur
quatre parties de sucre. Ces pastilles n'auroient
pas une couleur rouge comme la conserve de
roses sèche, parce que cette couleur est due à
une portion d'acide, et que les acides, sur-tout
les acides minéraux, ne conviennent pas en
prenant nos eaux. On pourroit rougir ces pastilles avec la cochenille.

Je proposerois encore de mâcher des feuilles
de roses pralinées dans le sucre.

DES FILTRES.

J'AI dit, *page* 73, que la meilleure analyse d'une eau minérale ne donnoit que des débris, ou le squelette des principes qui la constituent dans la source, et qu'elle laisse à deviner les combinaisons délicates et l'esprit de vie qui anime ces eaux (1). Mais cette analyse sera encore plus infidelle, si on néglige de laver les filtres de papier dont on se sert continuellement pour séparer les matières insolubles. On ne fait pas attention que le papier à filtrer donne et mêle aux liqueurs, qui le traversent, des matières qu'on impute mal-à-propos aux eaux, et qui cependant leur sont fort étrangères. Il ne faut que jeter de l'eau commune chaude ou même froide sur ces filtres pour se convaincre de cette vérité. Qu'on en recueille les premières portions, et on leur trouvera un goût âcre et une odeur désagréable. Cependant j'ai toujours vu dans les cours de chimie les professeurs se servir de filtres sans se douter des altérations qu'ils pouvoient apporter aux résultats. J'ai vu des chimistes analyser des eaux, et notamment celles de Provins, sans prendre la précaution de laver les

---

(1) La nature édifie, et l'art détruit : l'une est l'esprit qui vivifie, l'autre la lettre qui tue.

14.

filtres. C'est ce qu'on omet aussi dans les pharmacies, lorsqu'on filtre le petit-lait, les sucs dé-
purés, etc., et c'est ce qui arrive également
pour les liqueurs d'agrément. Il n'est pas possible cependant que de bons chimistes, notamment MM. les commissaires qui ont analysé
nos eaux, n'aient reconnu, comme moi, la
nécessité de n'employer que des filtres lavés;
mais ce qui est très étonnant c'est que dans les
ouvrages de physique, dans les livres élémen-
taires et les dictionnaires de chimie, où l'on
parle quelquefois assez au long des filtres,
nulle part on ne trouve l'observation que je
viens de faire.

LES MARBRES ET ALBATRES.

INDÉPENDAMMENT des traces d'eaux minérales
ferrugineuses que l'on remarque en beaucoup
d'endroits autour de Provins, la quantité de
sources d'eau vive (sans doute beaucoup plus
considérable dans les temps très reculés), qui
sourdent parmi nos terres ferrugineuses, plus
ou moins oxidées, charient des parcelles de fer
qui colorent les pierres dans le lit des ruisseaux.
C'est à ces causes que l'on doit rapporter des
marbres et albâtres colorés que j'ai trouvés en
beaucoup d'endroits dans les ravines et à la

surface de la terre. J'ai une collection de plus
de quarante espèces de marbres et albâtres de
couleurs et de nature différentes, et qui présentent des nuances très remarquables. Ils prennent
un très beau poli. Les roches qui entourent le
Mont-Jubert sont une sorte de marbre brèche
qui ressemble, dit-on, à la brocatelle d'Espagne.
J'en ai tiré des chambranles de cheminée ; les
albâtres m'ont donné des dessus de meubles. On
ne se doutoit pas de l'existence de ces matières;
je n'en parle pas dans la minéralogie de Provins,
parce que ce n'est que depuis que j'ai fait ces
découvertes. Je ne crois pas qu'il existe de ces
marbres et albâtres par lit; je n'ai vu que des
morceaux isolés.

SEAU *plus avantageux que celui dont
on se sert habituellement pour
puiser l'eau minérale.*

LE seau que je propose, et dont je me sers,
est un cylindre de fer-blanc fermé par le bas.
A ce fond est soudé un cône renversé, aussi de
fer-blanc, dont la cavité est remplie de matières
pesantes, de manière que le seau, descendant
dans le puits, gagne rapidement le fond. Il est
fermé d'un couvercle de même métal, de forme
conique, et percé à sa partie latérale d'une ou-

verture de quatre à cinq lignes de diamètre.
C'est par-là que l'eau entre dans le cylindre,
quand il est au fond du puits.

La forme d'un cône donnée à la partie
inférieure et supérieure de ce seau, fait qu'il
entre dans le puits et gagne le fond sans agiter
l'eau, et qu'il en sort sans exciter presque de
mouvement, d'où il arrive que l'eau qu'on en
retire est claire, au lieu que le seau dont on
se sert, remuant toute la masse d'eau, en fait
remonter les dépôts, et l'eau est toujours trouble.
On a donc l'avantage, avec le seau dont je viens
de donner la description, de puiser l'eau sortant
de sa source, de la boire claire et de la même
force dans tous les temps.

Il est à observer que l'eau, pour entrer dans
le seau par l'étroite ouverture du couvercle,
est obligée d'en chasser l'air qu'il contient; ce
qui occasionne à la surface de l'eau un bouillon-
nement qui se continue jusqu'à ce que le seau
soit plein. On pourroit éviter ce mouvement, en
adaptant au cylindre, extérieurement, un tuyau
étroit de fer-blanc, assez long pour que, le seau
étant au fond, il dépassât la surface de l'eau;
il serviroit de conducteur à l'air chassé.

Ce seau se terminant en pointe par en bas
n'auroit pas d'assiette, mais il est soutenu sur
trois pieds de fil de fer soudés au cylindre; ils

sont assez alongés pour porter et tenir le tout
dans une situation verticale.

~~~~~~~~~~~

FONTENIER.

On a vu que, peu de temps après la découverte de nos eaux, on construisit tout auprès
des bâtimens commodes, et qu'on y établit un
fontenier pour le service des malades, et pour
tenir les sources en bon état dans tous les temps.
En 1756, l'adjudicataire fit construire à ses
frais, sur une demi-lune du rempart, le petit
logement qui existe aujourd'hui ; mais depuis
long-temps il n'est plus habité, ce qui est très
incommode pour le public; car, excepté les deux
saisons où il y a le plus de malades pour prendre
ces eaux, et alors pendant quelques heures seulement le matin, ces eaux le reste du temps
ne sont plus soignées; il faut, si l'on en a besoin,
soit pour les boire sur place, soit pour des envois, aller par la ville chercher l'adjudicataire,
que l'on ne trouve quelquefois pas : le plus
souvent on aime mieux se passer des eaux que
de faire des courses inutiles, ou de déplacer un
homme qui ne se prête pas de bonne grâce
pour quelques verres d'eau qu'on lui demande.
D'ailleurs il donne ces eaux telles qu'elles sont,
sans en rejeter avant une bonne partie hors du

puits : par conséquent on a des eaux presque sans vertus.

Il devient donc indispensable d'obliger l'adjudicataire des eaux à établir son domicile près de la fontaine. Sans doute le bâtiment actuel n'est pas suffisant ; mais il ne s'agiroit que de l'élever d'un étage, et de construire à côté un hangar. Deux ou trois années du produit des eaux pourroient suffire pour ces dépenses, qui d'ailleurs rentreroient avec bénéfice , car les eaux se loueroient davantage si l'on avoit un logement commode à donner à l'adjudicataire. On pourroit aussi, pour l'attacher davantage, lui abandonner, sur l'arrière-rempart et autour de son logement, quelques perches de terrein, comme on l'avoit fait à l'adjudicataire en 1756. De plus, un jardin bien tenu et aussi près des eaux seroit un spectacle agréable pour les preneurs d'eau, et pourroit aussi leur servir de promenade.

Le zèle qui anime dans ce moment nos magistrats, et le désir bien prononcé de rendre ces eaux plus commodes à prendre et plus salutaires, et de rappeler ce concours d'étrangers qui, avant nos troubles civils, fréquentoient nos eaux, sont un sûr garant qu'ils accueilleront ces observations, s'ils les trouvent justes, et qu'ils s'empresseront de les mettre à exécution.

Eaux de Passy.

Les eaux minérales de Passy sont les eaux martiales froides les moins éloignées de Provins. Lorsque l'on compare ces eaux avec celles de Provins, on ne peut d'abord voir sans étonnement, et sans un sentiment pénible, la grande vogue des premières, et l'abandon des dernières. Celles-ci portent une garantie de leurs propriétés, et celles de Passy ont tout ce qu'il faut pour éloigner d'en faire usage. Sortant de leurs sources (*voyez l'analyse qu'en a faite en dernier lieu M. Déyeux, insérée dans la collection des mémoires de l'école de médecine de Paris*), non-seulement elles seroient très nuisibles à la santé, mais elles ne seroient pas *potables*. Il faut, avant d'en faire usage, les laisser, ce qu'on appelle dépurer, c'est-à-dire, perdre à l'ardeur du soleil, et pendant plusieurs mois, ce qu'elles ont de malfaisant.

Ce long espace de temps, aidé de la chaleur, dénaturent ces eaux. Il résulte des décompositions, des précipitations et de nouveaux composés; enfin une eau factice qui ne ressemble plus à l'eau de la source.

On jugera des changemens qui s'opèrent dans

ces eaux, si on considère que, puisées à leur
source, elles donnent par l'analyse plus de dix-
sept grains de sulfate de fer, et que, pour en
pouvoir faire usage, il faut que toute cette
quantité de sulfate soit réduite à environ un
grain. Il s'en faut donc de $\frac{16}{17}$, dans leur principe efficace, qu'elles ne soient propres à la
santé. Mais qu'est-ce qui indique qu'elles sont
arrivées à ce point précis de réduction? On n'a
pour juge, nous dit-on, que le goût, moyen
très incertain et peu fidèle; encore convient-on
(*voyez l'analyse précitée*) « que, dans les étés
» plus ou moins chauds, ces eaux contiennent
» une plus ou moins grande quantité de sels
» solubles;.... qu'on ne peut espérer avoir
» constamment une eau épurée de même qua-
» lité;... que les succès qu'on peut attendre
» de ces eaux ne peuvent avoir lieu qu'autant
» que cette eau n'est pas trop dépurée, et que
» son épuration a été portée au point où la
» proportion du sulfate de fer qu'elle conserve
» est celle qui est suffisante pour agir comme
» médicament *apéritif* » : et pour s'en assurer
on n'a, comme nous l'avons vu, que le goût.

Ce n'est pas tout que ces eaux soient amenées
au point nécessaire pour le service des malades;
« Il faut, est-il dit, non-seulement ne pas les
» garder dans des vaisseaux métalliques, mais

» encore n'employer, pour les transvaser, au-
» cun ustensile de cette espèce,...... où elles
» acquerroíent des qualités nuisibles à la santé ».

Que conclure de tout cela? Que, si les eaux
de Passy étoient plus éloignées de la capitale,
on ne se seroit jamais avisé de chercher à les
employer à l'usage de la médecine; encore, avec
tous les soins qu'on en prend à Passy, n'a-t-on
qu'une eau *apéritive*, ce qui n'est qu'une des
propriétés de l'eau de Provins.

Si les malades qui vont prendre les eaux de
Passy en ressentent d'heureux effets, on peut
en attribuer une bonne partie à des causes étrangères à ces eaux. Un air pur, l'exercice, la
dissipation, l'oubli momentané de ses affaires,
des jardins bien distribués, des sociétés choisies,
des plaisirs de toute espèce, peuvent avoir
plus de vertus pour les malades de Paris que
les eaux mêmes; et c'est le plus souvent sous
ces rapports que les médecins envoient leurs
malades à Passy.

———

Nota. Dans la plupart des analyses qui ont été
faites des eaux de Passy, les auteurs parlent d'une
petite quantité non appréciable d'une matière qu'ils
croient être animale; ce qui n'est pas le sentiment

de M. Déyeux. Mais ce n'est pas non plus une matière
bitumineuse analogue au pétrole, comme il s'en
trouve dans les eaux minérales de Provins ; car les
eaux de Passy, même à leur source, n'ont aucune
odeur : d'ailleurs cette matière, quelle que soit sa nature, se dissipe pendant la dépuration des eaux, et
ne se trouve pas dans celles dont on fait usage.

~~~~~~~~~~~~~~~~~~~~~~~~~~~~

RÉGLEMENT *pour la distribution des Eaux Minérales de Provins, proposé par l'Inspecteur, et approuvé par S. Exc. le Ministre de l'intérieur, en 1806.*

ARTICLE PREMIER.

L'ADJUDICATAIRE aura un registre paraphé par M. le maire, sur lequel il inscrira les noms et qualités des preneurs d'eau, avec une colonne d'observations où l'inspecteur pourra mettre des notes relatives aux maladies des preneurs d'eaux, et aux effets qu'elles auront produits.

ART. 2. Il aura un second registre, paraphé comme ci-dessus, sur lequel seront inscrits, jour par jour, les noms, qualités et domicile de ceux qui auront fait une demande d'eau qui leur sera envoyée, la nature des vaisseaux employés pour ces envois.

ART. 3. Ces deux registres resteront à la disposition de l'inspecteur, dans un endroit des bâtimens de la fontaine, d'où il aura la clef.

ART. 4. L'adjudicataire ne pourra commencer à distribuer des eaux, dans la première saison, qu'après que l'inspecteur aura constaté que les eaux sont bonnes à prendre; il devra aussi cesser d'en distribuer, dans l'automne, quand l'inspecteur aura reconnu qu'elles ne sont plus

15

salutaires. Pendant et après les temps pluvieux il ne pourra distribuer les eaux que sur l'autorisation de l'inspecteur.

ART. 5. L'adjudicataire sera tenu d'être à la fontaine, et de commencer la distribution aux malades qui se présenteront aux heures réglées, par chaque saison, par l'inspecteur (1).

ART. 6. L'adjudicataire puisera les eaux avec les précautions prescrites par l'inspecteur, et ne les donnera aux malades qu'après en avoir tiré et rejeté la quantité jugée nécessaire par l'inspecteur.

ART. 7. L'adjudicataire n'emploiera pour puiser les eaux que les vaisseaux qui lui seront fournis à cet effet, et les moyens qui lui seront indiqués.

ART. 8. L'adjudicataire, suivant le besoin reconnu par l'inspecteur, sera tenu d'épuiser le puits minéral pour en enlever les dépôts qui seront formés.

ART. 9. Chaque fois qu'on aura puisé de l'eau pour le service des malades, le couvercle du puits sera rabattu, et l'eau sera versée dans un bassin convenable, ayant un couvercle, et distribuée de suite aux malades présens. Le vase sera exactement recouvert pour l'eau en être distribuée au fur et à mesure que les malades se présenteront. Après un court intervalle, l'eau

(1) Indépendamment des deux saisons, où le concours des malades est plus nombreux, l'adjudicataire sera tenu de donner des eaux en tout temps à ceux qui se présenteront.

restée dans le vase sera rejetée, et il en sera puisé de nouvelle.

Art. 10. L'adjudicataire ne pourra refuser du feu aux malades qui en demanderont, sauf une légère rétribution.

Art. 11. L'adjudicataire tiendra les abords de la fontaine propres et libres; les lieux d'aisance et les bâtimens à l'usage des preneurs d'eau seront tenus dans la plus grande propreté.

Art. 12. Les bâtimens dépendant des eaux seront le matin entièrement consacrés à l'utilité des preneurs d'eau, et l'adjudicataire ne pourra en disposer pour d'autres usages qu'après la distribution des eaux et la fermeture du puits minéral.

Art. 13. L'adjudicataire ne pourra faire d'envoi d'eau sans en prévenir l'inspecteur, et qu'en se conformant à l'article 2.

Art. 14. Dans tous les envois, les bouteilles seront exactement bouchées de bouchons neufs, et cachetées d'un cachet particulier. (Ce cachet n'est pas fourni par l'adjudicataire.) Il en sera de même des barils, et la cire qui devra recevoir l'empreinte des cachets sera posée de manière qu'elle fermera exactement l'ouverture des bouteilles et des barils.

Art. 15. Les bouteilles devant servir aux envois seront exactement rincées, et il en sera de même des barils. Ceux qui seront neufs, n'ayant pas encore servi, seront échaudés avec de l'eau pure : on y fera séjourner pendant quelques temps une quantité d'eau minérale, et à plusieurs reprises, jusqu'à ce que l'eau minérale en sorte sans aucune nuance de couleur ; alors le baril sera rempli, et la bonde fermée comme il est dit ci-dessus.

Aʀᴛ. 16. L'adjudicataire, avant de remplir les bouteilles ou barils pour les envois, préviendra l'inspecteur, qui indiquera l'heure la plus convenable, et pourra retarder l'envoi, si le temps ne lui paroît pas propre.

Aʀᴛ. 17. Le prix des eaux minérales sera fixé ainsi qu'il suit, *savoir :*

1.° Chaque personne qui prendra les eaux sur la fontaine, paiera la somme de 20 centimes pour chaque matinée.

2.° Il sera payé par chaque litre d'eau qui sera pris à la fontaine, pour être transporté soit dans la ville, soit par-tout ailleurs, une même somme de 20 centimes.

3.° Le préposé à la distribution des eaux les donnera gratis sur les bons du maire, ou de MM. les présidens des commissions des hospices et de bienfaisance de cette ville, visés par l'inspecteur des eaux minérales, aux pauvres de la commune, qui se rendront à la fontaine, ou qui les enverront chercher, et pour les malades desdits hospices.

TABLE.

sont propres; préparations, régime à observer, et conduite à tenir en en faisant usage, 87.

On prend ces eaux dans deux saisons, mais on ne devroit pas s'en interdire l'usage dans les autres temps de l'année. Elles ont été prises avec succès dans les grandes chaleurs de la canicule et dans les plus grands froids, 91.

Temps où elles ont plus de vertus et où elles en ont le moins, 96 et 97.

Les femmes doivent-elles, sans exception, cesser de prendre ces eaux dans le temps de leurs règles? 99.

C'est par un abus des termes que des personnes sujettes aux vapeurs s'abstiennent de prendre ces eaux, 101.

Observation importante sur l'eau que les malades doivent employer pour les bains et les lavemens, 116.

C'est un mauvais usage de manger du pain d'épice en buvant ces eaux : on y substitue avec avantage la conserve liquide de nos roses, 124.

En certaines circonstances il pourroit être préférable de prendre ces eaux en partie décomposées; le dépôt qu'elles laissent en se décomposant pourroit être de quelqu'utilité, 135.

Ces eaux procurent des évacuations abondantes à certains malades. D'autres s'en trouvent constipés. Question à résoudre, 141.

On ne les conseille pas dans les affections aux poumons, et dans les chaleurs d'entrailles. Observations à cet égard qui pourroient rendre le médecin moins timide, 143.

Elles ont une odeur qu'on ne sait à quoi rapporter. L'auteur fait voir que c'est à une matière bitumineuse, 155. — Selon lui, cette portion de bitume donne à ces eaux plus d'efficacité, 157. — Ce qui les distingue aussi des eaux ferrugineuses ordinaires, et en feroit une classe à part, 158.

M. Parmentier a, contre toute justice, et par des motifs particuliers, écrit contre nos roses et leurs préparations, dans les annales de chimie. Observations à ce sujet, 159.

Les filtres de papier, dont on se sert dans les analyses, fournissent des matières étrangères aux eaux et autres liqueurs, etc. Nécessité de les laver avant de s'en servir, 163.

Marbres et albâtres : la variété des couleurs que présentent ces matières, trouvées autour de Provins, est due aux eaux martiales et au fer diversement oxidé des terres qui environnent la ville, 164.

Seau d'une forme plus avantageuse pour tirer l'eau du puits minéral. Il prend l'eau à sa source, la donne claire et d'égale force dans tous les temps, 165.

Fontenier : nécessité qu'il y ait auprès de ces eaux, comme autrefois, un homme à demeure pour prendre soin des eaux, et pour servir les malades en tous temps et à toute heure, 167.

Réglement pour la distribution des eaux aux malades; obligations du fontenier, 169.

Prix des eaux, 172.

www.ingramcontent.com/pod-product-compliance
Lightning Source LLC
Chambersburg PA
CBHW060547210326
41519CB00014B/3379